牛舍活动卷帘

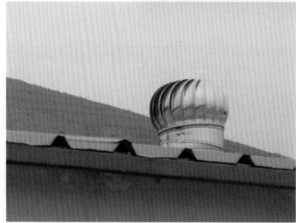

封闭式牛舍屋顶安装的无动力风帽

负压风机

牵引立式 TMR 搅拌车

牵引卧式 TMR 搅拌车

投喂 TMR 饲料

机械饲喂通道

地上食槽

地面食槽

电加热钢制饮水槽

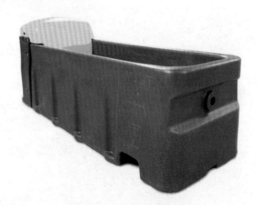

电加热聚乙烯饮水槽

饮水碗

恒温饮水槽

肉牛设施养殖技术

主　编

洪　龙

副主编

封　元　　巫　亮　　陈　亮　　杜　杰

编著者

洪　龙　　封　元　　巫　亮　　陈　亮
张凌青　　杜　杰　　王　瑜　　于建勇
张志强　　周　成　　张建勇　　王春华
孙振华　　徐　寒　　马松山　　杨　波
俞建奎　　谭　俊　　吴凤玲　　蒋秋斐

金盾出版社

内容提要

　　本书针对肉牛养殖场(户)在设施应用方面的需求,对肉牛场的各种设施、设备做了较为详细、通俗的介绍。内容包括:设施肉牛业的内容、作用及发展方向,肉牛场规划与建设,肉牛场环境控制,肉牛场饲草料加工、贮存设施与设备,肉牛场粪污处理设施与设备,肉牛场消毒设施与设备,肉牛养殖主推技术等。全书图文并茂,内容丰富,适合各级畜牧业管理与技术推广人员和肉牛养殖场(户)工作人员阅读参考,也可作为肉牛设施养殖技术的培训教材使用。

图书在版编目(CIP)数据

　　肉牛设施养殖技术/洪龙主编. —北京:金盾出版社,2014.8
(2015.2 重印)
　　ISBN 978-7-5082-9349-3

　　Ⅰ.①肉…　Ⅱ.①洪…　Ⅲ.①肉牛—饲养管理　Ⅳ.①
S823.9

　　中国版本图书馆 CIP 数据核字(2014)第 059908 号

金盾出版社出版、总发行
北京大平路 5 号(地铁万寿路站往南)
邮政编码:100036　电话:68214039　83219215
传真:68276683　网址:www.jdcbs.cn
封面印刷:北京盛世双龙印刷有限公司
彩页正文印刷:北京四环科技印刷厂
装订:北京四环科技印刷厂
各地新华书店经销
开本:850×1168 1/32　印张:5.625　彩页:4　字数:129 千字
2015 年 2 月第 1 版第 2 次印刷
印数:6 001～10 000 册　定价:12.00 元
(凡购买金盾出版社的图书,如有缺页、
倒页、脱页者,本社发行部负责调换)

前言

　　近年来,我国肉牛产业发展迅速,肉牛生产逐渐向专业化方向发展,养殖方式由农户散养向规模化养殖转变,肉牛生产设施水平不断提升。肉牛设施养殖是以提高劳动效率和生产力水平为方向,在保护生态环境的同时,以追求最佳经济效益为目标,不断提升肉牛生产装备水平,改善肉牛饲养条件和管理水平,提高养殖效益,推动肉牛生产由数量增长型向质量效益型转变,加快实施肉牛生产向规模化、标准化、专业化、集约化和产业化发展的必要措施。

　　为了加快肉牛设施生产综合配套技术推广,我们结合近年来在肉牛生产技术示范推广工作中取得的一些成果和积累的实践经验,并参阅大量文献,对不同养殖环节适宜推广的技术进行了总结归纳,编写了《肉牛设施养殖技术》一书。此书主要介绍了肉牛设施养殖的相关技术内容,包括概述、肉牛场的规划与建设、环境控制、饲草料加工贮存设施与设备、粪污处理设施与设备、防疫消毒设施与设备及养殖主推技术七个方面,编写中将各项技术的实用性放在首位,强调理论联系实际。在内容编排上,图文并茂,语言通俗易懂，技术操作简明，可作为从事畜牧业管理与技术推广人员、肉牛养殖场（户）的参考书及肉牛设施养殖技术的培训教材。

限于知识和业务水平，书中难免存在缺点和错误，敬请专家、同行和广大读者批评指正。

编著者

目 录

第三章 肉牛场环境控制

第四章 饲草料加工贮存设施与设备

第五章　粪污处理设施与设备

第六章　防疫消毒设施与设备

第七章　肉牛养殖主推技术

第一章　概　述

一、设施畜牧业的概念

畜牧业是农业和农村经济的支柱产业,设施畜牧业也是设施农业的重要内容。从畜牧业发展的历史进程来看,畜禽饲养由野生驯化为家养、由游牧进入圈养的过程必然伴随着最简单、最原始的设施的应用。广义上说,动物经人工驯化之后实行的舍饲、群养、圈养方式,都需要有一定的饲养设备和条件。但是随着社会的进步、科技的发展,畜牧业设施的内涵、外延以及衡量标准都发生了实质性的变化,已不再局限于牛有圈、羊有舍的传统概念,必须赋予新的内涵。现代设施畜牧业应该是以科学技术进步为依托,以提高劳动效率和畜禽生产力水平为方向,以有效保护生态环境为前提追求最佳经济效益为目标,不断提高装备水平、改善生产工艺、提高产品质量的经济活动。具体来说,设施畜牧业就是采用具有特定结构和性能的设施、工程技术和管理技术,改善或创造局部环境,为畜禽提供适宜的生长环境,并保证饲料营养和防疫条件,实现高产、优质、高效的集约化生产方式。设施畜牧养殖技术是畜禽规模化、集约化、工厂化生产的关键技术,也可称之为控制环境的畜牧养殖业。它与畜禽遗传育种技术、饲料营养技术、兽医防疫技术等一起支撑现代畜牧业的发展,是现代畜禽养殖技术发展的重要标志。

二、设施肉牛业的内容

设施肉牛业是设施畜牧业的重要组成部分,是实现肉牛高产、优质、高效生产的管理模式,对生产方式、生产目标、产品质量和支撑技术都有较高的要求。现代肉牛业的生产设施包括良种繁育、饲料营养、环境与建筑、机械设备、疾病防治、经营管理等诸多方面。与传统肉牛生产相比,除了基本生产资料肉牛、饲料、牛舍等要素之外,现代肉牛业设施主要包括牛舍建筑、机械设备、生产工艺(主要是指科学的饲养技术)和管理制度四大要素。牛舍建筑布局上要符合生产工艺流程和防疫的要求,并为机械设备的应用提供基础条件;机械设备是设施畜牧业的一个重要体现,运用于肉牛生产的各个环节,如喂料设备、饮水设备、通风降温或供暖保温设备、清粪设备、粪便和污水处理设备等;生产工艺和管理制度是设施肉牛业的软件,但却是硬件在生产中发挥效益的重要保证。

三、设施肉牛业的作用

肉牛业在畜牧业生产中占据着重要的地位,牛肉生产供给直接影响着人们的生活,发展清洁、健康、高效的设施肉牛业,是提高肉牛业生产能力、增加人民收入的重要举措,也是推广标准化饲养和无公害生产技术、发展资源高效利用型、节粮型畜牧业和推进畜牧业可持续发展的要求。随着经济发展和农业产业结构的调整,推进畜牧业生产方式转变,实现规模化、集约化发展,是今后我国畜牧产业持续健康发展的必由之路。

四、国内外肉牛设施养殖现状

20 世纪 50 年代以来,世界工业发达国家先后发展设施畜牧业,扩大畜群数量,提高畜禽生产效率。20 世纪 70 年代,发达国家先后设计出系列化、工厂化畜舍,以适应不同气候地区和不同规模养殖的需要。采用组合式结构,用轻型建材生产出预制构件,用户根据自己需要选择适宜型号,按图纸在现场组装畜舍,实现畜禽工厂设计标准化、系列化、轻型化。此外,养殖工厂还具有随时拆迁、便于移动的优点。例如在发生疫情时,为避免疫病蔓延殃及其他畜群,可以将畜舍焚烧以彻底消除病原传播。在全封闭型的设施养殖工厂里,电脑调节和控制光照、温度、湿度、饲养、供水、清洁等管理环节,完全实行机械化、自动化管理。我国发展规模化设施畜牧业的时间较晚。20 世纪 80 年代后,随着中国黄牛从传统的役用向肉用方向发展,肉牛养殖设施也开始从简陋、粗放的条件向规模化、专业化、集约化方向发展,饲料加工、养殖设施装备与养牛技术逐渐开始衔接配套。

在畜牧业装备和机械化水平方面,美国、加拿大等畜牧业发达国家在饲草料生产、工厂化畜禽饲养等方面保持着世界先进水平。肉牛生产从饲料的加工配送、清粪、饮水到疫病的诊断等环节全面实现了机械化、自动化和科学化,高度的机械化水平,科学有效的管理,大大提高了肉牛业劳动生产率。大部分发展中国家,如中国、印度、南美等一些国家,也在加快本国的农业机械化步伐,积极采用配套农业机械进行饲草料生产、饲料投喂等作业,但总体机械化水平还较低。

在饲养环境调控方面,欧美畜牧业发达国家开始实行清洁生产,传统方法把注意力集中在污染物产生之后如何处理,而清洁生产的核心是从源头抓起,以预防为主,进行生产全过程控制,尽可能地消除污染物的产生,从而获得经济效益与环境效益的统一。国外的牛粪污染治理就是合理搭配生产布局,应用先进的科学技术和良好的管理体制,政府进行监督和管理。同时,明确畜禽养殖业是农业的重要组成部分,养殖业的发展离不开种植业,种植业为养殖业提供饲料,养殖业为种植业提供充足的有机肥料的观念。将粪尿处理后,制成有机肥用于农田改善土壤质量,产生的沼气用于生产、生活的能量需要,从而达到粪污的综合利用,使其减量化、无害化、资源化、生态化。目前,我国大部分肉牛场产生的粪污主要采取堆积发酵后还田的处理方式,一些规模场采用了好氧发酵、厌氧发酵方法生产沼气、优质有机肥,实现了肉牛粪便无害化处理利用。

五、发达国家肉牛设施养殖发展趋势

现行的养殖技术模式是欧美发达国家于 20 世纪 70 年代形成的适于工业化生产管理的模式,动物一般是定位饲养,由设备进行自动化管理。但由于现代畜禽育种技术的快速发展,畜禽新品种的生产性能较高,而抗病能力则不断降低,各种疫病时有发生。现代化肉牛场发展的趋势是采用集约化、工厂化和规模化的生产工艺,其显著特点是饲养高度集中,群体规模和饲养密度大。近年来,对动物福利的关注愈来愈强,欧盟国家及美国等还通过相关法律措施进行保障,致使福利化新型养殖模式不断涌现。在设施养殖的环境控制方面,发达国家目前普遍重视养殖系统节能减排技术与装备的开发应用,包括减少有害气体的产生与排放、粪污的无害化处理与资源化利用技术等。运用生物技术除去有害气体在国外已得到了较好的应用。生物过滤和生物洗涤技术就是在有氧条件下,利用好氧微生物的活动,把有味气体转化成无味气体的方法。

六、我国肉牛设施养殖发展中存在的问题

(一)发展资金投入不足

设施肉牛业涉及农牧、财政、扶贫等多个部门,存在多头管理情况,从体制上制约了设施肉牛业的协调有序发展;各省虽然都出台了各项优惠政策,但是扶持资金的投入仍显不足;设施肉牛业标准化程度低。目前,在全国范围内,还没有出台统一的设施肉牛业标准;另外,很多企业只重视牛舍主体结构和配套设备的性能指标和质量,而忽视了牛场的整体性及其配套设施的标准化。

(二)整体技术水平不高

设施肉牛业装备发展滞后,设备比较简易,环境控制能力差,机械化自动化程度低;专业设施肉牛业技术人员缺乏,农户技术水平低,整体素质、服务水平与肉牛业发展的要求不相适应。

(三)养殖规模化程度偏低,从业人员的投资能力薄弱

我国目前约70%的肉牛养殖是农户小规模养殖,农民投资能力不足。为降低养殖成本或一次投资,农户一般使用不起正规养殖设备产品,而采用自制的简易设施设备,以致于养殖环境条件跟不上,牛群常处在多种不同的环境应激状态,影响了健康和对疾病的抵抗力。传染性疫病防控难度大,对农村地区的肉牛业造成严重威胁。发展适用于养殖专业户、家庭牧场规模的标准化肉牛工程设施装备技术是我国设施肉牛业产业升级的关键。

七、我国肉牛设施养殖未来发展的重点

为确保我国肉牛业在激烈的国际竞争中能够健康持续地发展,必须采取有效措施化解制约我国肉牛业发展的限制因素,即今后面临的土地制约、环境制约、饲料制约、能源制约及产品品质风味问题,促进肉牛业的集约化、规模化发展是必由之路。今后应从以下几个方面重点突破。

(一)加强适于我国区域条件和特色的肉牛养殖工程工艺模式与成套装备的研究开发与示范应用

我国各地的自然气候条件差异很大,自然资源也有很大的区域性。如何结合区域优势布局进行肉牛养殖业的发展规划,并根据我国几大优势区域和当地的条件进行适宜的规模化养殖工程工艺模式的标准化研究,针对标准化养殖工程工艺研究开发出成套化的设施设备与环境调控技术及饲养管理技术,使设施装备硬件技术充分体现合理的工程工艺技术,并使之标准化、定型化、系列化、成套化。养殖工程工艺模式研究包括适于农村专业户规模的规范化与标准化,大中型养殖场规模的标准化工程工艺模式等。这是我国养殖业集约化规模化健康持续发展的重要硬件支撑和保障,也是提升我国养殖产业的重要前提基础。

(二)加强地方特色饲料资源的产业化开发

饲料资源的制约将是我国今后养殖业发展的一个关键因素。粮食安全问题在今后相当长的一段时间以内都是必须关注的,我国作为一个养殖业大国,主要依靠进口饲料粮是不现实的,因此必须重视和研究开发我国西部地区地方特色的饲料资源及其相关加工装备的产业化问题。

（三）加强粪污资源化和能源化利用的研究开发

规模化养殖带来的一个主要问题是粪污的大量集中，如果处理与利用不当就容易造成危害和环境污染。过去我国在建设养殖场过程中，对工程配套问题重视不够，由于资金、土地等条件的制约，多数养牛场在规划建设过程中只重视养殖过程环节，忽略了粪污等废弃物的处理与利用，造成了较严重的养殖业环境污染问题。我国养牛业的环境污染问题的关键是资源利用重视不够，不是把肉牛粪便和污水作为资源看待，而是作为废弃物处理，处理不及时即成为污染源。

第二章　肉牛场规划与建设

一、肉牛场工艺设计

(一)生产工艺设计

是根据场区所在地的自然条件和社会经济条件,对肉牛场的性质和规模、牛群组成、生产工艺流程、饲养管理方式、水电和饲料消耗定额、劳动定额、生产设备的选型配套等加以确定,进而提出适当的生产指标、耗料标准等工艺参数。

1.生产工艺设计的原则　通过环境调控措施,消除不同季节气候差异,实现全年均衡生产;采用工程技术手段,保证做到环境自净,确保安全生产;实行专业化生产;牛舍设置符合生产工艺流程和饲养规模。

2.生产工艺设计的内容和方法

(1)肉牛场的性质和任务

①种牛场　向外提供纯种种牛、精液、胚胎等,不进行纯系繁育以外的任何生产。

②繁育场　运用种牛场提供的种质资源进行纯种繁育或杂交,繁殖商品场所需的优良品种。

③商品场　专门从事商品肉牛生产的牛场。

(2)肉牛场的规模　种牛场、繁育场按存栏头数计,商品肉牛场可按年出栏头数计。规模大小是场区规划与肉牛场设计的重要依据,确定规模大小时应考虑以下几个方面。

①自然资源　主要是饲草饲料资源,它是影响饲养规模的主

要制约因素。

②资金情况 肉牛养殖所需资金较多,资金周转期长,报酬率较低。要根据企业(个人)资金实力,进行必要的资金运行分析后确定规模。

③经营管理水平 在确定饲养规模时,应考虑厂址所在区域及周边地区社会经济条件的好坏、社会化服务程度的高低、价格体系健全与否等因素。

④场地面积 肉牛养殖、牛场管理、职工生活及其他附属建筑等需要一定的场地、空间。牛场大小可根据每头牛所需面积,结合长远规划计算出来。肉牛场用地面积应在满足当前生产需要的前提下,同时考虑到将来扩建和改造的可能性。占地面积估算可用场内建筑物的总占地面积占全场土地面积的百分数求得。一般商品场可按建筑物占全场面积的 15%～25% 来估算,种牛场可按 10%～15% 估算。例如,已知某牛场生产建筑、生活建筑和辅助建筑占地面积为 8 000 米²,则估算该场的用地面积为 8 000÷25%＝32 000 米²(48 亩);考虑留有 10%～20% 的余地,预留面积为 4 669 米²(7 亩)左右,实际用地面积为 36 685 米²(55 亩)。

3. 生产工艺流程 设计方案应遵循的原则是:符合畜牧生产技术要求,有利于牧场防疫卫生要求,达到减少粪污排放量及无害化处理的技术要求,节水、节能,能够提高生产率。图 2-1 为肉牛场生产工艺流程。

自繁自育肉牛场生产工艺一般按基础母牛、犊牛、育成牛、育肥牛划分。

4. 饲养管理方式

(1)饲养方式 散放饲养、拴系饲养。

(2)饲喂方式 投料方式或饲喂设备,如饲槽饲喂、全混合日粮设备投喂。

(3)饮水方式 饮水器、水槽定时饮水等。

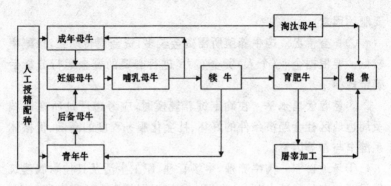

图 2-1　肉牛场生产工艺流程

(4)清粪方式　人工清粪、刮粪板清粪、铲车清粪、水冲清粪等。

(二)工程工艺设计

牛场工程工艺设计涵盖了资金、能源、技术三个方面。需根据生产工艺提出的饲养规模、饲养方式、饲养管理定额、环境参数等，对相关的工程设施和设备加以分析，以确保工程技术的可行性和合理性。

1. 设计要点　牛场工程工艺设计要点包括：①节约用地，不占或少占耕地；②节约能源；③满足动物需求；④人—机工程；⑤便于实行清洁生产；⑥工程防疫措施。

2. 设计内容

(1)牛舍的种类和数量　根据生产工艺流程中牛群组成、存栏天数、饲养方式、饲养密度和劳动定额的计算，并综合考虑场地、设备规格等情况而确定。

(2)牛舍建筑形式　牛舍类型根据外围护结构的封闭状况分：封闭舍、开放舍和半开放舍。一般根据当地气候条件和不同的牛群选择不同的牛舍形式。

（3）牛舍的尺寸

①平面尺寸　包括长、宽两个方向尺寸。设计依据和步骤为：选定建筑形式→根据饲养规模确定每栋牛舍的饲养量、栏位形状和数量、设备尺寸和排列方式→确定各种管理通道尺寸和布置方式→确定粪污沟尺寸和排水系统的布置和尺寸→结合当地气候条件确定牛舍跨度→确定附属房间和设施的位置与尺寸→根据纵向总栏位数、过道、附属房间和设备等的总长度，结合地形综合考虑，确定牛舍长度。

②剖面尺寸　主要是根据生产工艺的特殊要求，确定建筑物室内外高差、室内地面与粪沟的标高与坡度、设备高度、檐口或屋架底标高、窗的上下檐标高等。

（4）牛场的设备　肉牛场设备主要包括：栏圈、牛床、地板等饲养设备、饲喂及饮水设备、清粪设备、通风设备、加热降温设备、照明设备、环境自动控制设备等。

（5）牛舍环境控制技术　环境控制技术是利用工程技术来满足生产工艺所提出的环境参数需要，包括：通风方式和通风量的确定，保温与隔热材料的选择，光照方式与光照量的计算等。

（6）工程防疫　进行工程工艺设计时，应按照防疫要求，从场址选择、场区规划、建筑物布局、绿化、生产工艺、环境管理、粪污处理等方面全面加强卫生防疫，并加以详细说明。有关卫生防疫设施、设备配置，如消毒、更衣、淋浴室、隔离舍、兽医室、装卸台、消毒池等，应尽可能合理和完备，并保证再生产中能方便、正常运行。

（7）粪尿污处理　详见第五章96~98页。

二、场址选择

（一）自然条件

1. 气候　炎热地区需要考虑通风、遮阴、隔热、降温等措施；

寒冷地区要注意冬季的保温、防寒等措施。

2. 地势地形 地势指场地的高低起伏等情况,地形指场地形状、大小等情况。地势地形具体要求如下。

(1)高燥平坦 在平原地区以及靠近河流、湖泊地区建场,要求地势较高,以利排水;地下水位2米以下,高出历史洪水线2米以上,以避免雨季洪水的威胁,减少土壤毛细管水上升而造成的潮湿,低洼、潮湿的自然条件有利于病原微生物和寄生虫的生存,不利于牛体健康,并严重影响建筑物的使用年限。山区建场应选在稍平缓坡上,总坡度不超过25%,建筑区坡度应在2.5%以内。

(2)向阳背风 有利于光照和热调节,以保证场区小气候温热状况相对稳定,要避开坡底、长形谷地和风口,以免受山洪和暴风雪的袭击。在山区建场,宜选择南向坡地,不宜选在北向坡地。

(3)开阔整齐 场地中间稍高,周围较平缓。有足够面积,不能过于狭窄或边角太多。

(4)留有余地 建筑系数一般为10%~25%,并留10%~20%余地。

3. 水 源

(1)水量充足 牛场用水包括场内人员用水、肉牛饮用水和饲养管理用水、消防用水等。规模化牛场的用水量较大,按每100头存栏肉牛每天需水10~30米³ 计算。

(2)水质良好 水质清洁,不含细菌、寄生虫卵及矿物毒素。选择地下水作为水源时,要调查是否因水质不良而出现过某些地方性疾病。

4. 土质 土壤的透气性、透水性、吸湿性、抗压性等都会影响环境卫生和牛体健康。牛场场址应选择透水、透气性强,毛细管作用弱,吸湿性和导热性弱,质地均匀,抗压性强的土壤沙土及砂石土透水、透气性好,易干燥,受有机物污染后自净能力强,抗压能力较强,但其热容量大,昼夜温差大。黏土透水、透气性差,易潮湿,从而滋生各种微生物、寄生虫及蚊蝇等;受有机物污染后降解速度慢,不易消除;抗压性能差,易冻胀。沙壤土和壤土特性介于沙土和黏土之间,是最适合建牛场的土质。这类土壤砂粒和黏度比例合适,雨水、尿液不易积聚,雨后没有硬结,导热性小,热容量大,地温稳定,有利于牛舍及运动场的清洁,可以防止蹄病及其他疾病的发生。

(二)社会条件

1. 地理位置

①与居民点的距离应保持在500米以上,且选在居民点的下风向,地势低于居民点的地方,避开居民点排污口。

②与各种化工厂、畜产品加工厂的距离应不小于500米,且选在其上风向,地势较高处。

③距其他畜禽场500米以上。

2. 交通条件 选择场址时既要考虑到交通方便,又要使牧场与交通干线保持适当的距离,便于农作物秸秆、青贮饲料、干草原料供应和架子牛、育肥牛及粪便的运输,减少运费,降低成本。同时,要确保防疫卫生要求,避免噪声对健康和生产性能的影响。要求肉牛场距离国道、省际公路500米以上,距离省道300米以上,距离一般道路100米以上。若有围墙,距离可适当缩短50米。

3. 电力供应 要求距离近,投资少,电量足,有保障。

4. 与周边环境的协调

①必须符合《中华人民共和国畜牧法》以及本地区农牧业生产发展总体规划、土地利用发展规划、城乡建设发展规划的用地要求,节约用地,少占或不占耕地。

②在考虑外界环境污染牛场的同时,也应充分考虑到牛场产生的粪尿、污水、臭气对周边环境的危害。

③要有相应的农田、饲料地容纳净化，或者建场时规划一个粪便综合利用处理厂，消纳处理牛场粪便。

三、场地总平面规划

场地规划是指在选定的场地上，根据地形、地势和当地的主风向，安排牛场不同建筑功能区、道路、排水、绿化等地段的位置。肉牛养殖场的规划应本着因地制宜、科学饲养、环保高效的要求，合理布局，统筹安排。场地建筑物的配置应做到紧凑整齐，提高土地利用率，不占或少占耕地；应根据生产环节确定建筑物间的最佳生产联系，为减轻劳动强度、提高劳动效率创造条件；应全面考虑牛场粪尿、污水的处理利用，便于防疫灭病，并注意防火安全；应考虑为场区今后的发展留有余地。

(一)分区规划

按经营管理功能，一般把牛场分为 4～5 个功能区，即生活区、管理区、生产区和隔离区(粪污处理区)(图 2-2)。分区规划首先从人畜保健出发，考虑地势和主风向，来合理安排，使各功能区间建立最佳生产联系和环境卫生防疫条件。分区的规划是

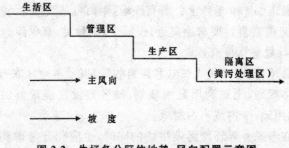

图 2-2　牛场各分区依地势、风向配置示意图

否合理,各区建筑物布局是否得当,直接关系到牛场的劳动生产效率,场区小气候状况和兽医防疫水平都影响到经济效益。生活区处于全场上风向和地势较高地段,向下依次为管理区、生产区和粪污处理区。

1. 各功能区具体规划要求

(1)**生活区** 包括住宿区和职工生活福利设施等。应设在牛场大门外全场上风向和地势较高的地段,以免生产区的臭气、尘埃和污水污染,同时其位置应便于与外界联系,与附近的交通干线、输电线保持最近的距离。

(2)**管理区** 是承担牧场经营管理和对外联系的区域,应设在与外界联系方便、地势较高的上(侧)风向位置,包括办公室、财务室、接待室、档案资料室、活动室、试验室等,以及与外界密切接触的生产辅助设施,如大门。管理区应与生产区严格分开,保证50米以上距离,外来人员只能在管理区活动。

(3)**生产区** 是肉牛养殖场的核心区域,包括肉牛舍和饲料贮存、饲料调制等生产辅助设施,应设在场区的下风向位置。肉牛舍的布局要符合规模化肉牛养殖的生产流程,应根据不同用途、类型、牛只不同生长发育阶段来确定不同类型牛舍的位置。各牛舍之间要保持适当距离,布局整齐,以便防疫和防火;同时也要适当集中,节约水电线路管道,缩短饲草饲料及粪便运输距离,便于科学管理。生产区应用围栏或围墙与外界隔离,入口应设立消毒室、更衣室和车辆消毒池,要能控制场外人员和车辆,使之不能直接进入生产区。

(4)**隔离区及粪污处理区** 设在生产区下风头地势较低处,应与生产区距离100米以上。主要包括装(卸)牛台、新购牛观察舍、病牛隔离治疗舍、兽医诊疗室、粪污处理场(沼气池)、焚烧炉等。观察舍应位于该区的上风向,靠近生产区。病牛隔离牛舍应远离其他牛舍。大型牛场最好使用实体墙进行隔离,并设置单独的通道。兽医诊疗室位于隔离牛舍附近。粪污处理场应位于观察舍和隔离舍的下风向。焚烧炉应处于隔离区的最下风向。

2. 各功能区平面布局方案实例

（1）平面布局方案实例 1　生活管理区、辅助生产区、生产区和粪污处理区按顺序从前到后依次排列（图 2-3）。这种布局方案适合于狭长场地的布局，其优点是生活管理区与生产区之间有辅助生产区作为过渡，更有利于防疫；同时，生活管理区不易受到肉牛生产区粪污气味、蚊蝇等影响。另外，辅助生产区两侧开放，均可修建道路，方便饲料运输。缺点是生产区两侧均暴露在外界环境下，加工好的饲草料向生产区的运输距离可能较长，土地利用率可能偏低。

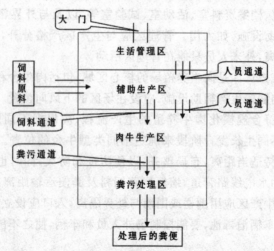

图 2-3　肉牛场功能区平面布局方案实例 1 示意图

（2）平面布局方案实例 2　生活管理区、生产区依次排列在场区主轴线上，辅助生产区、粪污处理区分别布局在肉牛生产区的两侧（图 2-4）。这种布局适合于开阔的场地，生活管理区与生产区邻近,需保持50米以上的间距,通过设置隔离墙、绿化带等方法来减少生产区粪污气味、蚊蝇等对生活区的影响。优点是在辅助生产区加工后的日粮向生产区的运输距离较短,生产区暴露在外界环境的部分较上一实例少一些,土地利用率提高,建场费用降低。

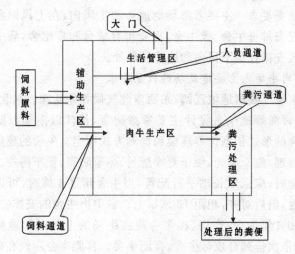

图 2-4　肉牛场功能区平面布局方案实例 2 示意图

(二)场内建筑物布局

建筑物布局是指根据场地规划方案和工艺设计要求,合理设计各种建筑物及设施的排列方式和次序,确定每种建筑物和每种设施的位置、朝向和相互间的间距。牛场内各种建筑物的配置应本着因地制宜和科学管理的原则,统一规划,合理布局。应做到整齐、紧凑、提高土地利用率和节约基础建设投资,经济耐用,有利于生产流程和便于防疫、安全管理等。

1. 建筑物的位置

(1)确定建筑物的位置应考虑的因素　确定各种牛舍及养殖

设施的位置时应考虑其功能关系和地势、主风向及卫生防疫要求。

①功能关系　指牛舍建筑物在生产中的相互关系。如自繁自育商品肉牛场的工艺流程是：配种──→妊娠──→分娩哺乳──→育成──→育肥──→出栏，牛舍则应按母牛舍──→产房──→犊牛舍──→育成牛舍──→育肥牛舍的顺序安排。

②防疫要求　主要考虑场地地势和主风向，在上风向和地势较高处先安排母牛舍、犊牛舍，再安排育成舍和育肥舍，病牛和粪污处理区安排在最下风向和地势最低处。

(2)肉牛场内主要建筑物的位置要求

①牛舍　我国地域辽阔，东西南北气候相差悬殊。东北三省、内蒙古、青海等地牛舍设计主要考虑防寒，长江以南则以防暑为主。牛舍的形式依据饲养规模和饲养方式而定。牛舍的建造应便于饲养管理，便于采光，便于夏季防暑、冬季防寒，便于防疫。修建多栋牛舍时，应采取长轴平行配置，当牛舍超过4栋时，可以2行并列配置，前后对齐，相距10米以上。各类肉牛舍的安排应是：成年母牛和青年牛舍、产房、犊牛舍建在牛场的上风向和地势较高处，之后依次排列育成母牛舍、育肥牛舍。育肥牛舍应设在离场门较近的地方，以便出场及运输。

②饲料库、青贮、干草等大宗物料贮存场地　应遵循"贮用合一"的原则，设在生产区靠近牛舍的边缘地带，要求排水良好，便于机械化装卸、加工和运输，取用方便。饲料库和饲料加工车间应设在靠近进场道路围墙处，并在围墙上设门，卸料入库，避免外来车辆入场。干草棚及草库尽可能设在下风向地段，生产区的侧面与周围房舍至少保持50米以上距离，单独建造，既防止散草影响牛舍环境美观，又要保证防火安全。青贮窖建造选址原则同干草棚，要求地势较高，防止粪尿等污水渗入污染，同时要考虑出料时运输方便，减小劳动强度。有专用通道通向场外。

③消毒池　应设在大门内侧，进入人员一律经过消毒后方可

人内。

④装卸台 设在生产区靠近育肥牛舍的围墙处,售牛时由此装车,避免外来车辆进入生产区。

⑤兽医室、病牛舍 应设在牛场下风向的地势较低处。兽医室、隔离舍应建在距离牛舍50～100米以外的地方,同时开设后门,以防疫病传播扩散。

(3)肉牛场内主要建筑物布局实例

①肉牛育肥场主要建筑物布局 见图2-5。

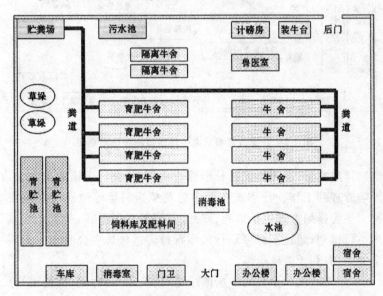

图2-5 肉牛育肥场建筑物布局示意图

②自繁自育模式肉牛场主要建筑物布局 见图2-6。

2. 建筑物的排列 牛舍建筑物的排列根据牛场规模和地形条件决定,排列原则是合理、整齐、紧凑、美观。常见的牛场总平面布置均采用行列式排法,一般要求横向成排、竖向成列,尽量将建

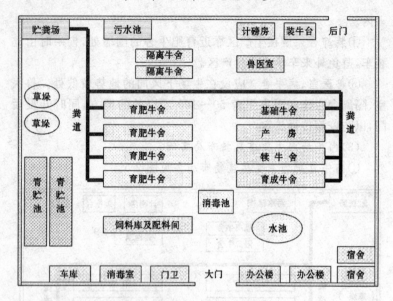

图 2-6 自繁自育模式肉牛场建筑物布局示意图

筑物排成方形,避免排成狭长形而造成饲料、粪污运输距离加大,影响管理和工作。行列式布置中应避免饲料运输道路与粪道交叉。牛舍排列方式包括单列、双列、多列等多种形式,一般 4 栋以内单行排列,超过 4 栋可双行或多行排列。每栋牛舍独立成为一个单元,有利于防疫隔离。

(1)单列式 单列式牛场的净道(饲料道)与污道(粪便道)分别设置在牛舍的两侧,分工明确,不会产生交叉。但道路和工程管线过长不经济,适用于场地狭长和小规模牛场。单列式牛舍布局见图 2-7。

(2)双列式 双列式排列是各种畜牧场经常使用的方式,其优点是既能保证场区净污道路分工明确,又能缩短道路和工程管线长度。双列式牛舍布局见图 2-8。

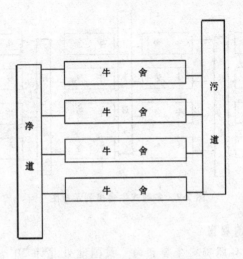

图 2-7　单列式牛舍排列示意图

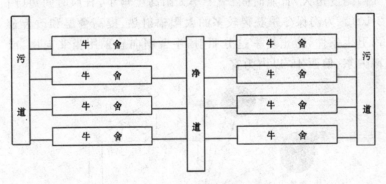

图 2-8　双列式牛舍排列示意图

（3）多列式　多列式排列主要在一些大型牧场使用,道路和工程管线短,可减少基建投资,但应重点解决场区净污分道,避免因道路交叉而引起相互污染。多列式牛舍布局见图 2-9。

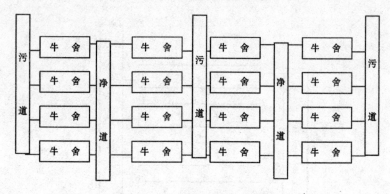

图 2-9　多列式牛舍排列示意图

3. 牛舍的朝向

（1）根据日照确定牛舍朝向　我国地处北纬 20°～50°，夏季太阳高度角大，日照时间长；冬季太阳高度角小，日照时间短（图2-10）。为确保冬季获得较多的太阳辐射热，提高舍温和改善舍内卫生条件，防止夏季过分照射，牛舍朝向宜采用坐北向南，或南偏东、偏西 45°以内为宜。

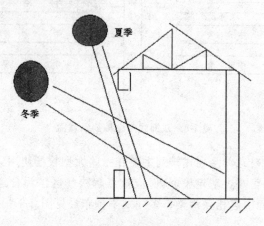

图 2-10　夏季、冬季日照剖面图

22

(2)根据通风要求确定牛舍朝向 确定牛舍朝向首先要了解当地主风向。若牛舍纵墙与冬季主风向垂直,则不利于保温;与夏季主风向垂直,则通风不均匀。我国地处亚洲东南季风区,夏季盛行南风或东南风;冬季盛行北风、东北风或西北风。风向入射角(墙面法线与主导风向的夹角)为 0°时,夏季背风面涡旋区大,有害气体不易排除;冬季畜舍热损耗大,不利防寒,牛舍适宜朝向应与主风向呈 30°～45°角(图 2-11)。

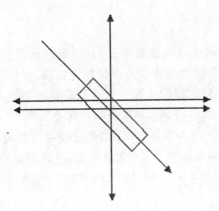

图 2-11 牛舍朝向与主风向的适宜夹角示意图

4. 建筑物的间距 指相邻建筑物纵墙之间的距离。其合理与否,直接关系到牛舍的采光、通风、防疫、防火和占地面积。

(1)根据日照确定牛舍间距 牛舍朝向一般是南向或南偏向一定角度,因此确定牛舍间距要求冬季前排牛舍不挡后排日照。一般冬至时太阳高度角最低,要求此时南墙满日照,牛舍间距应不小于南排牛舍的阴影。在我国大部分地区,牛舍间距应保持檐高的 3～4 倍,基本可满足北排的日照要求。

(2)根据通风确定牛舍间距 要求适宜的牛舍间距,使下风向牛舍保证有足够的通风,而且使其免受上风向排出的污浊空气影响,有利于卫生防疫。牛舍间距为 3～5 倍檐高时,可满足通风和卫生防疫的要求。现在广泛采取纵向通风,排风口在两侧山墙上,间距可缩小到 2～3 倍牛舍檐高。

(3)根据防火间距确定牛舍间距 牛舍一般是砖墙,混凝土屋顶或木质屋顶。耐火等级为 2～3 级,防火间距应为 6～8 米。

四、牛场基础设施

(一)防护设施

1. 场 界 肉牛场场界要划分明确,最好采用实体密封墙,以防止外界污染和野生动物侵入。集约化牧场,四周应建较高的围墙或坚固的防疫沟,以防止场外人员及其他动物进入场区。必要时可往沟内放水,以有效地切断外界的污染因素。

2. 区 界 在场内各区域间,也可设较小的防疫沟或围墙,或结合绿化配置隔离林带。不同年龄或不同生产用途的牛群(母牛群、育肥牛),最好不集中在一个区域内,同时留有足够的卫生防疫距离。

(二)道 路

1. 肉牛场道路分类

(1)根据卫生防疫要求分类

①清洁道(净道) 主要承担牛只转群、饲料运输等任务。场内粪尿运输和垃圾运输不许进入该道。外来车辆经消毒可进入该道行驶。

②污染道(污道) 主要承担牛只粪尿运输,场内的病、死畜隔离和焚烧处理物也由该道运输。污道不允许与净道交叉混用。

(2)根据道路车辆荷载能力分类

①主干道 与场外公路相接,并通往生活区和管理区。负担场内的主要运输任务,根据场地规模主要道路有 1～4 条,其宽度

一般为6～8米。

②支干道 平行或垂直连接于主干道上,通往牛舍、干草库(棚)、饲料库、饲料加工调制车间、青贮窖及化粪池等,主要承担饲草料、粪便和各种污物的运输。支干道一般宽3～5米。

③便道 主要为通往各建筑物的人行便道,也可通行手推车。宽度一般为1～2.5米。

2. 道路建设要求 生产区的道路应设净道和污道,不得混用或交叉。管理区和隔离区应分别设置与场外相通的道路。场内道路应坚实、不泥泞,路面有1‰～3‰的坡度。主干道转弯半径不小于8米,宽度不小于3.5米(图2-12)。道路上空4米的高度内没有障碍物。道路两侧应植树并设排水沟。

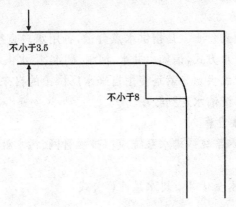

不小于3.5

不小于8

图2-12 牛场主干道转弯半径和宽度示意图 (单位:米)

(三)给水、排水设施

1. 给水设施

(1)给水系统 单独的给水系统由取水、净水、输配水3部分设施组成,需要自己打井或建水泵房、水处理车间、水塔、输配水管道等。若用城镇给水系统,则只需设计输配水管道。

(2)用水量估算 用水量包括饮用水、生产和卫生用水,但不同季节和每天不同时间内用水量都有变化,所以在设计牧场总用水量时,必须按单位时间内生活用水、生产用水以及消防、灌溉、不可预见等用水的最大用水量来计算。采用水冲清粪系统时,生产用水按120%计算。在生产中,肉牛饮水量一般为45升/(天·头),不同工艺差别很大;人员生活用水一般100升/(天·头);肉牛场区一个消防栓保护半径不大于50米,水量每秒10升,按2小时计。

(3)管网布置 管网布置可采用树枝状管网,干管方向应与主要给水方向一致,尽量沿道路布置,减少管线长度,以最短距离向用水量最大的牛舍供水。

(4)供水方式

①分散式供水 是指供水点分散,各用水户直接用最近供水点的水的供水方式,诸如井水、河水、湖水、降水供水。

②集中式供水 就是使用自来水厂供给的自来水,水厂通过配水管网将清洁水送到牧场。

2. 排水设施

(1)排水系统 排水系统应由排水管网、污水处理站、出水口组成。

(2)排水量估算 排水量计算公式:

$$排水量＝雨雪水＋生活污水＋生产污水$$

①雨雪水量应根据当地降雨强度、汇水面积、径流系数计算。

②生活污水主要来自职工食堂和浴厕,流量不大,一般不需计算。

③生产污水是牧场最大的污水量,包括粪尿及清洗污水等,每头成年牛每天可按0.07～0.09米^{3}估算。

(3)排水方式 牧场排水方式有分流与合流两种。因粪污需要专门的设施设备与工艺来处理与利用,投资大、负担重,因此应尽量减少粪污的产生与排放。而在排放过程中应采用分流排放,即雨雪水和污水分别采用两个独立排放系统。一方面防止泥沙淤积影响舍内排污,另一方面防止雨水与污水混合,增加污水处理量。

(4)排水管布置

①场内排水系统设置在道路两旁及运动场周边。

②采用斜坡式排水管(沟),尽量减少淤塞和被人、畜损坏。

③生产污水一般采用暗埋管沟排放,暗埋管沟应埋在冻土层以下,以免受冻损坏。超过 200 米中间应增设沉淀井。

④雨水排放可采用方形明沟,最深不应超过 30 厘米,沟底应有 1%~2% 的坡度,上口宽 30~60 厘米。

(四)电力工程

电力工程规划就是需要经济、安全、稳定、可靠的供配电系统,以保证牧场正常生产运营。

1. 供电系统 牧场的供电系统由电源、输电线路、配电线路、用电设备构成。规划主要内容包括用电负荷估算、电源与电压选择、变配电所的容量与设置、输配电线路布置。

2. 用电量估算 生产用电根据生产中所使用的电力设备的额定容量之和估算。生活电器用电根据电器设备额定容量之和估算。照明用电根据各类建筑照明用电定额和建筑面积计算,用电定额与普通民用建筑相同。

3. 电源和电压选择及变压器的设置 牧场应就近引入电源,为了确保用电安全,一般场内还需自配发电机;牧场使用的电压一般为 220 伏/380 伏;变压器的位置应尽量居于用电负荷中心,最大服务半径要小于 500 米。

(五)绿化工程

1. 场界周围绿化 在肉牛养殖场场界周围种植乔木和灌木混合林带,可以降低环境温度,起到防风阻沙的作用。场界绿化带的设置,应根据当地的主风向、风的大小而定。一般可在全场的最上风向迎主风设置,林带宽度一般为5～8米,植树3～5行,株行距各为1.5米,呈"品"字形排列,乔木、灌木应搭配栽植。绿化带的树种,乔木可选用大叶杨、旱柳、榆树、洋槐等,灌木可选用沙柳、黄杨等。在我国北方,为了增强冬季防风效果,可栽植1行常绿叶树,如柏树、油松等,但高大树木不宜多种,以免影响通风。

2. 场区绿化隔离带 主要用于分隔场内各区,如生产区、生活区及管理区的四周。隔离带的宽度为3～5米,植树2～3行,株行距1.5米。树种与防护林带相同。如各区之间有交通道路,可结合行道树的种植设置隔离林带。

3. 道路绿化 肉牛场的道路两旁应栽植行道树,这不仅可以夏遮阴、冬防积雪,还可以保护道路免遭雨水冲损。行道树的栽植,可在通往场外主干道两旁栽1～3排高大乔木或乔灌木搭配。场道路可植树1～2排,即植1排乔木或1排灌木,乔木可选用杨树、柳树,灌木可选用小叶女贞或黄杨。在靠近建筑物的采光地段,不应种植枝叶过密、过于高大的树种,宜种植小乔木或牧草等,以免影响建筑物的自然采光。

4. 运动场遮阴林 在运动场的南、东、西三侧植树,夏可遮阴,冬可挡风,可靠近运动场栽植1～2行树。栽植的株距应兼顾遮阴和通风的要求,根据选用不同的树种,以能达到树冠相接为宜。在运动场受寒风袭击的一面,应密植,株距为1.5米。一般可选择枝叶开阔、生长势强、冬季落叶后枝条稀少的树种,如杨树、槐树、白蜡、法国梧桐等。

(六)粪污处理工程

1. 粪污量的估算 见表 2-1。

表 2-1 肉牛粪尿排泄量 （鲜量）

种 类	体 重 （千克）	每头每天排泄量(千克)			每年排粪尿量 吨/头
		粪	尿	粪尿合计	
成年牛	400～600	20～35	10～17	30～52	15.5
育成牛	200～300	10～20	5～10	15～30	8.2
犊 牛	100～200	3～7	2～5	5～12	3.1

2. 粪污处理工程规划内容

(1)**粪污收集** 清粪方式通常有机械清除、人工清除和水冲清除 3 种。机械清除有利于粪尿分离,对粪便进行固态处理,劳动效率高,适合于规模化养殖场;人工清除劳动强度大,工作效率低,适宜于小规模养殖场;水冲清除耗水量大,扩大了污水量,增加污水处理难度,畜牧场不宜采用。

(2)**粪污运输** 包括管道和车辆运输两部分。

(3)**贮粪场** 固态贮粪场应设在生产区下风向地势较低较偏僻处,与住宅区保持 200 米的距离,与牛舍保持 100 米的卫生间距。贮粪场应便于运往农田。其规模大小应根据饲养规模、每头牛每天的产粪量、贮存的时间来设计。贮粪场容积公式为:

$$贮粪场容积＝牛头数×每头牛每天的产粪量×贮存天数$$

(4)**粪尿污水处理** 粪尿污水处理工程应结合排水工程综合考虑,处理设施应与饲养规模配套。处理方式可采用沉淀池沉淀、分离机分离、生物塘净化等方式综合设计。

①**粪尿分离(机械清粪)** 贮粪池的深度以不受地下水的浸渍

为宜,一般深 1 米,宽 9～10 米,长 20～50 米。底部做成水泥池底,以防粪液渗漏流失。按贮放 6 个月、堆高 1.5 米计算,每头牛所需贮粪场地参考面积为 2.5 米^2。

②粪尿不分 特别是当实行水冲式清粪时,除要求有大容积的粪水贮存池外,还必须具备沉淀池或氧化池等,可往粪沟或粪水池中加水的有关设备,用以提升、抽走粪水的泵、搅动装置、充气装置等,槽车或灌溉设施以及足以充分利用这些粪水的土地。

粪水池:既要尽可能防止雨水流入,又要避免池内粪水溢出,并远离任何水源以防污染。粪水池可直接修在紧靠牛舍的地段,但由于清除粪水时会产生严重臭气,故建议应远离牛舍 60～90 米,并应离居民住宅 150 米,并在其下风向。粪水池有地上式、地下式及半地下式 3 种形式。形状有方形、圆形及罐状等;所用材料有防腐木板、水泥板、浇注混凝土、防锈金属板等。无论用何种材料,其基础都必须坚固,池壁必须有足够的承压能力。此外,在结构上必须便于清除粪水。

沉淀池:粪水在池内静置,可使 50%～85% 的固形物沉淀。固形物沉底既可减少恶臭的产生,又便于上清液的利用。为了便于沉淀,沉淀池应大而浅,其深度应不小于 0.6 米,以保证粪水进入沉淀池时不致将已沉淀的沉渣冲起,但最大深度不应超过 1.2 米。沉淀面积通常采用 1 000 米^3/小时流入量应有 1 米^2 的沉淀面积来计算。

氧化池:是一种往粪水中充空气以供氧促进好气菌繁殖分解有机固形物达到粪便无害化的粪水处理方式。在氧化池中为加速细菌的分解作用,应尽量不使固形物沉淀,故粪水在池中的流速必须保持在 0.45～0.60 米/秒。氧化池一般水深 0.9～1.5 米。其面积大体相当于牛舍的地面面积。

五、牛舍建设

(一)牛舍设计原则

修建牛舍的目的是为了给牛创造适宜的生活环境,保障牛的健康和生产的正常运行。花较少的资金、饲料、能源和劳力,获得更多的畜产品和较高的经济效益。为此,设计肉牛舍应掌握以下原则。

1. 为肉牛创造适宜的环境 一个适宜的环境可以充分发挥牛的生产潜力,提高饲料利用率。一般来说,肉牛的生产力20%取决于品种,40%~50%取决于饲料,20%~30%取决于环境。不适宜的环境温度可以使家畜的生产力下降10%~30%。如果没有适宜的环境,即使喂给全价饲料,饲料也不能最大限度地转化为牛肉,从而降低了饲料利用率。所以,修建牛舍时,必须符合肉牛对各种环境条件的要求,包括温度,湿度,通风,光照,空气中的二氧化碳、氨、硫化氢的含量等,为肉牛创造适宜的环境。

2. 要符合生产工艺要求,保证生产的顺利进行和畜牧兽医技术措施的实施 肉牛生产工艺包括牛群的组成和周转方式、运送草料、饲喂、饮水、清粪等,也包括测量、称重、输精、防治、生产护理等技术措施。修建牛舍必须与本场生产工艺相结合,否则必将给生产造成不便,甚至使生产无法进行。

3. 严格卫生防疫,防止疫病传播 流行性疫病对牛场会形成威胁,造成经济损失。通过修建规范牛舍,为家畜创造适宜环境,可以防止或减少疫病发生。此外,修建牛舍时还应特别注意卫生要求,以利于兽医防疫制度的执行。要根据防疫要求合理进行场地规划和建筑物布局,确定牛舍的朝向和间距,设置消毒设施,合理安置污物处理设施等。

4. 要做到经济合理,技术可行　在满足以上 3 项要求的前提下,牛舍修建还应尽量降低工程造价和设备投资,以降低生产成本,加快资金周转。因此,牛舍修建要尽量利用自然界的有利条件,如自然通风、自然光照等,尽量就地取材,采用当地建筑施工习惯,适当减少附属用房面积。牛舍设计方案必须是通过施工能够实现的,否则,方案再好而施工技术上不可行,也只能是不切实际的设计。

(二)牛舍类型

1. 主要类型

(1)根据墙面分类

①全开放式(棚舍式)牛舍　棚舍四面均无墙,仅设置围栏,屋顶用一些柱子支撑梁架,结构与常规牛舍相近,只是用料更简单、轻便。繁殖母牛、中高档肉牛宜采用散放饲养方式,牛只可以在牛舍(棚)内外自由采食、饮水和运动,每头牛占地面积 20~25 米^{2}为宜。肉牛短期育肥一般采用拴系饲养方式,每头牛都用链绳拴系在饲槽或栏杆上,限制活动,每头牛都有固定的槽位和牛床,每头牛占有棚舍面积 4~5 米^2。全开放式牛舍的优点是:内部结构简单,造价低廉;受粪便、饲料、灰尘等的污染较小,易保持牛体的清洁;便于机械操作,可减少人工,降低劳动强度,提高工作效率。缺点是:冬季防寒性能差,很少照顾到牛只。开放式牛舍适合于我国中部和北部等气候干燥地区,但因外围护结构开放,不利于人工气候调控,在炎热的南方和寒冷的北方不适合。

②半开放式牛舍　采用单列牛床的牛舍,三面有墙,向阳一面敞开,有部分顶棚,在敞开一侧设有围栏或高 1.2~1.5 米的墙。南面的敞开部分在冬季可以遮拦,形成封闭状态(图 2-13,图 2-14)。采用拴系饲养方式的,每头牛占地面积 4~5 米^2;采用散放饲养的,每头牛占地面积 20~25 米^2。半开放式牛舍的优点是:造价

低,节省劳动力;夏季开放能良好通风降温,冬季封闭窗户可保持舍内温度。缺点是:冷冬防寒效果不佳。采用双列或多列牛床的半开放式牛舍,四面有墙和窗户,牛床上方的顶棚全部覆盖,饲喂通道上方的顶棚夏季全部敞开,冬季可以用塑料薄膜、阳光板等材料覆盖,形成封闭状态。这种牛舍在我国南方、北方被广泛采用。

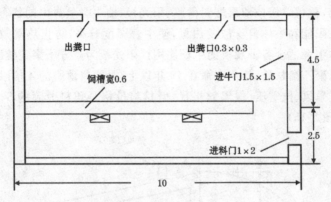

图 2-13　单列半开放式人工饲喂牛舍平面示意图　（单位:米）

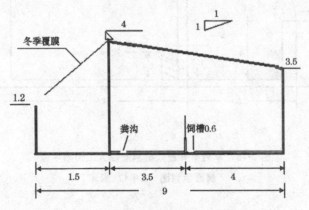

图 2-14　单列半开放式全混合日粮机械饲喂牛舍
侧面示意图　（单位:米）

塑料薄膜（或阳光板）暖棚牛舍属于半开放式牛舍的一种，是近年北方寒冷地区推广应用的一种牛舍。与一般半开放式牛舍相比，保温效果较好，棚内的温度高 10℃左右。塑料薄膜（阳光板）暖棚牛舍有 1/2～2/3 的顶棚，三面全墙，向阳一面有半截墙。向阳面在温暖季节露天开放，寒冷季节在露天一面用钢筋等材料做支架，覆盖单层或双层塑料薄膜、阳光板，使牛舍呈封闭的状态，借助太阳能和牛体自身散发热量，使牛舍温度升高，防止热量散失。这种牛舍适合各种规模的牛场使用。阳光板为高分子聚碳酸酯或高压聚乙烯材质，使用寿命在 10 年以上，是塑料薄膜的 4 倍以上，且抗暴风、抗雪压、保温效果优，但材料价格是塑料薄膜的 5～10 倍（图 2-15）。

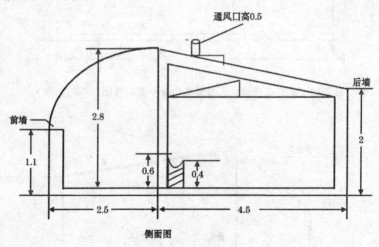

图 2-15 单列半开放式塑料暖棚人工饲喂牛舍

侧面示意图 （单位：米）

修筑塑料薄膜(或阳光板)暖棚牛舍要注意以下几个问题:

第一,选择合适的朝向。塑料暖棚牛舍需坐北朝南,南偏东或西角度最多不要超过15°,舍南应至少10米内无高大建筑物及树木遮蔽。

第二,选择合适的塑料薄膜(阳光板)。塑料薄膜应选择对太阳光透过率高,而对地面长波辐射透过率低的聚氯乙烯等塑料膜,其厚度以80~100微米为宜。一般阳光板的厚度为6~25毫米,可根据不同地区冬季温度差异选择。

第三,合理设置通风换气口。棚舍的进气口应设在南墙,其距离地面的高度以略高于牛体高为宜;排气口应设在棚舍顶部的背风面,上设防风帽。排气口的面积以20厘米×20厘米为宜,每隔3米远设置一个排气口,进气口的面积是排气口面积的一半。

第四,有适宜的棚舍入射角,棚舍的入射角应大于或等于当地冬至时的太阳高度角。

第五,注意塑料薄膜(阳光板)坡度的设置。塑料薄膜(阳光板)与地面的夹角应在55°~65°为宜。在冬季寒冷时,可以将敞开部分用塑料薄膜(阳光板)遮盖成封闭状态,气温转暖时节可把塑料薄膜收起,从而达到夏季利于通风、冬季能够保暖的目的,使牛舍的小气候得到改善。

③封闭式牛舍　四面有墙和窗户,顶棚全部覆盖,分单列封闭舍和双列封闭舍。单列封闭牛舍舍内只有一排牛床,牛舍跨度6~7米、高2.6~2.8米,舍顶可修成平顶也可修成脊形顶。这种牛舍跨度小,易建造,通风好,但散热面积相对较大。单列封闭牛舍适用于小型肉牛场每栋舍饲养100头牛以内为宜。双列封闭牛舍舍内设有两排牛床,两排牛床多采取头对头式饲养,中央为通道,跨度11~12米,高2.7~2.9米,脊形棚顶。双列式封闭牛舍适用于规模较大的肉牛场,每栋舍可饲养肉牛200头以上(图2-16

至图 2-18)。

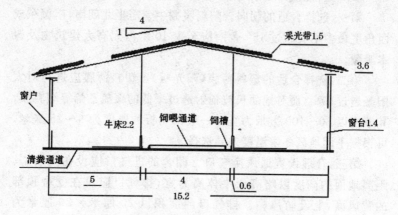

图 2-16 双列全封闭式全混合日粮机械饲喂
牛舍侧面示意图 （单位:米）

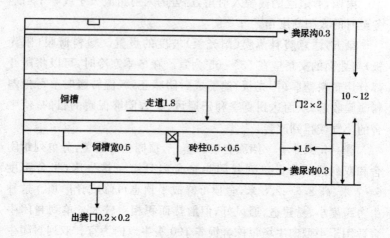

图 2-17 双列全封闭式人工饲喂牛舍平面示意图
（单位:米）

36

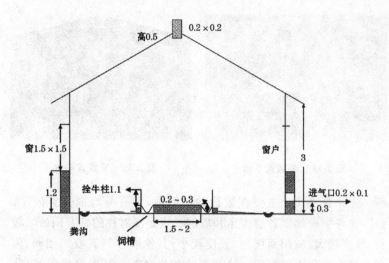

图 2-18　双列全封闭式人工饲喂牛舍侧面示意图　（单位：米）

　　封闭式牛舍有利于冬季保温,适宜北方寒冷地区采用,其他 3 种牛舍有利于夏季防暑,造价较低,适合南方温暖地区采用。

　　（2）根据牛舍屋顶造型和结构分类

　　①单坡式　单坡式牛舍结构简单,多见于小规模牛场,适用于单列牛舍,投资少（图 2-19）。

　　②双坡式　双坡式牛舍较为常见,目前在我国使用最为广泛。这种形式的屋顶可适用于较大跨度的牛舍,可用于各种规模的各种牛群,同时有利于保温和通风。双坡式牛舍屋顶易于修建,比较经济（图 2-20）。

　　③钟楼式　即在双坡式牛舍屋顶上设置一个贯通横轴的“光楼”,增设两列天窗。天窗可增加舍内光照系数,有利于舍内空气对流,防暑作用较好,但结构比较复杂,耗材多,造价高,不利于冬季防寒保暖。钟楼式牛舍适用于南方地区,如果考虑加大冬季通风量和屋顶采光,北方也可采用（图 2-21）。

图 2-19　单坡式牛舍　　　　　图 2-20　双坡式牛舍

④半钟楼式　主要在屋顶的向阳面,设有与地面垂直的"天窗",这种牛舍的屋顶坡度角和坡的长短是不对称的。背阳面坡较长,坡度较大;向阳面坡短,坡度较小;其他墙体与双坡式相同,但窗户采光面积不尽相同。这种形式的牛舍"天窗"对舍内采光、防暑优于双坡式牛舍,通风效果较好,但夏季牛舍北侧较热,构造较复杂,寒冷地区冬季保暖防寒不易控制(图 2-22)。

图 2-21　钟楼式牛舍　　　　　图 2-22　半钟楼式牛舍

2. 类型选择原则　北方地区冬季寒冷多风,建议采用有窗式单坡牛舍或在双坡牛舍上部设采光带,以充分利用冬季日光取暖;南方地区夏季炎热潮湿,建议采用开放程度高、跨度大、屋顶高的牛舍,以利用自然通风降温。

(三)牛舍结构

牛舍建筑要根据当地的气温变化和牛场生产、用途等因素来确定。建牛舍应因陋就简、就地取材、经济实用,还要符合兽医卫生要求,做到科学合理。有条件的,可以建造质量好的、经久耐用的牛舍。牛舍以坐北朝南或朝东南好。牛舍要有一定数量和大小的窗户,以保证太阳光线充足和空气流通。房顶有一定厚度,隔热保温性能好。舍内各种设施的安置应科学合理,以利于肉牛生长。

1. 地基和基础　基础是建筑物的地下部分,是墙、柱等上部结构的地下延伸,是建筑物的一个组成部分,它的作用是将牛舍本身重量及舍内所承载牛只、设备、屋顶积雪等重量传给地基。牛舍基础一般用石块或砖块砌成,一般地下部分深80~100厘米,东北等严寒地区最好超过冬季土层深度。地基是指基础以下的土层或岩体,承受由基础传来的建筑物荷载,地基不是建筑物的组成部分。牛舍地基应有足够的强度和稳定性,防止下沉和不均匀下陷,造成牛舍建筑发生裂缝和倾斜。

2. 地面　牛舍地面质量的好坏、地面是否保持正常以及能否对地面进行应有的管理与维修,不仅会影响到牛舍内的小气候与卫生状况,还会影响牛体的清洁,甚至影响牛只的健康及生产力。牛舍地面应具备下列基本要求:①具有高度的保温隔热特性;②易于清扫消毒;③易于保持干燥、平整、不硬不滑;④有足够的强度,坚固、防潮、耐腐蚀;⑤向排尿沟方向应有适当的坡度(1%~1.5%),以保证尿水的顺利排出。牛舍地面按建材不同分为黏土、三合土(沙、石灰、黏土比为1:3:6或1:2:4)、石地、砖地、木质地、水泥地面等。大多数采用水泥地面。其优点是:坚实,易清洗消毒,导热性强,夏季有利散热。缺点是:缺乏弹性,冬季保温性差。为了防滑,水泥地面应做成粗糙磨面或划槽线,线槽坡向粪沟。

3. 墙体 墙体应坚固结实、抗震、防水、防火,具有良好的保温、隔热性能,便于清洗和消毒。肉牛舍多采用砖墙,一般墙厚24～38厘米,即二四墙或三七墙。如果墙壁为二四墙,应在屋梁下砌成37厘米×37厘米的砖垛,从地面算起,应抹100厘米高的水泥墙裙。

4. 屋顶 屋顶的主要功能是阻挡雨水、风沙。冬季防止热量大量地从屋顶排出舍外,夏季阻止强烈的太阳辐射热传入舍内。屋顶应质轻、坚固、结实,防水、防火、保温、隔热,常用的材料有混凝土板、彩钢板等。

屋顶样式包括单坡式、双坡式、平顶式、钟楼式、半钟楼式等,常用的有钟楼式、双坡式和单坡式。钟楼式比较适合我国南方跨度大的牛舍,通风换气效果好,但结构复杂、造价高。双坡式适用于我国所有地区和各种规模肉牛场,结构简单、造价较低。单坡式牛舍多用于小型肉牛场或暖棚牛舍。

屋顶高度和坡度根据牛舍类型确定。一般双列式牛舍屋顶上缘距地面3.5～4.5米,屋顶下缘距地面2.5～3.5米,钟楼结构上层屋顶与下层屋顶交错处垂直高度0.5～1米,水平交错距离0.5～1米。单列式牛舍屋顶上缘距地面2.8～3.5米,下缘距地面2.0～2.8米。多列式牛舍应在双列式基础上再适当提高。

5. 屋檐及屋架 屋檐距地面280～330厘米,屋檐和顶棚太高,不利于保温,过低则影响屋内采光和通风。坡屋顶的屋架高度取决于牛舍的跨度和屋面(屋顶的表面)材料,机械平瓦屋面的高度一般为跨度的1/4,小青瓦屋面一般为跨度的1/3.5,波形瓦屋面一般为跨度的1/6。

6. 门窗 门窗通常设置在牛舍两端,两扇大门正对着中央饲料通道,较长的牛舍在纵墙背风向阳侧也设门,以便人、牛出入。母牛舍、散放式育肥牛舍,每25头牛需在纵墙上设一扇门。牛舍的门应坚固耐用,不设台阶和门槛,向外开。采用人工饲喂方式的牛舍,门高不低于 2 米、宽 1.5~2.5 米。采用全混合日粮机械饲喂的,门高不低于 2.5 米、宽 3~4 米。

窗户设在牛舍开间墙上,起到通风、采光、冬季保暖作用。在寒冷地区,北窗应少设,窗户的面积也不宜过大。在温暖的南方地区,主要保证夏季通风,可适当多设窗和加大窗户面积。以窗户面积占总墙面积的 1/3~1/2 为宜。一般南窗较多、较大,高 1 米,宽 1.2 米;北窗较少、较小,高 0.8 米,宽 1 米。窗台距地面高度在 1.2~1.4 米,一般后窗可适当高一些。

7. 通风口

(1)侧墙通风口　一般进气口设置在阳光照射一侧的墙面上,距地面 30~40 厘米处,规格为 20 厘米×10 厘米;出气孔设在屋顶,规格为 20 厘米×20 厘米,高 40~50 厘米,设顶盖,间隔 3~4 米设置一个(图 2-23)。

图 2-23　侧墙通风口

(2)屋脊通风口　适用于跨度较大(20 米以上)的双坡牛舍。一般来说,牛舍跨度每 3 米,屋脊通风口宽度至少应该达到 5 厘米,即屋脊通风口宽度大约为牛舍跨度的 1/60。例如,跨度为 30 米左右的牛舍,其屋脊通风带宽度应不小于 50 厘米。只要屋脊通风口的尺寸合适、牛群的密度合理,即便牛舍比较仓促地投入使用也不会造成通风不良的问题(图 2-24)。

(3)檐下通风口 适用于跨度较小(20米以内)的牛舍。可在牛舍两侧的屋檐下保留一定宽度的通风带,一般檐下通风口宽度为屋脊通风口宽度的1/2,极端天气可以封闭一半(图 2-25)。

图 2-24 屋脊通风口 图 2-25 檐下通风口

8. **运动场** 一般舍饲母牛、犊牛和高档育肥牛必须保持经常运动,以促进新陈代谢、增强体质、提高生产性能,因此需进行散放饲养,在牛舍外设置运动场。运动场位置应选在背风向阳的地方,一般利用牛舍两侧空余地带分别设置。如受地形限制,也可在场内地形比较开阔的地方设置运动场。地面以三合土为宜,要求平坦、干燥,有一定坡度,中央较高。四周应设围栏,且要求坚固、具有一定高度。面积要能满足牛只自由活动的需要,防止过分拥挤而造成牛只外伤和妊娠母牛流产,一般按每头牛所占舍内平均面积的 2~3 倍计算。每头牛应占面积为:成年牛 15~20 米^2、育成牛 10~15 米^2、犊牛 5~10 米^2。每天牛上槽时清除运动场牛粪并及时运出,随时清除砖头、瓦块、铁丝等物,还要经常进行平整,保持运动场整洁。运动场的设施包括围栏、补饲槽、饮水槽和凉棚等。

(1)围栏 围栏位于运动场四周。要求结实、光滑,以采用立柱式钢管围栏为好。各根钢管间距 3 米,高为 1.3~1.4 米,横梁 3～4 根。运动场围栏三面挖明沟排水,防止雨后运动场积水泥泞。

(2)补饲槽　补饲槽的位置应与牛舍平行,且背风向阳。槽的长度应以每头肉牛占 0.2～0.3 米为好,宽 80～90 厘米,外缘高 80 厘米,内缘高 60 厘米,深 40～50 厘米。肉牛站立采食一侧为水泥地面。

(3)饮水槽　饮水槽为两侧饮水式,体积根据肉牛的头数而定。一般 30～50 头肉牛的体积为 1.5 米×0.8 米×0.5 米。水槽两侧应为水泥地面。

(4)凉棚　为防止夏季强烈的太阳辐射,运动场内可以设置凉棚以减少肉牛的热负荷。凉棚长轴以东西向为宜,一般高 3～4 米,面积按每头牛约 4 米^2 计算。棚顶宜采用隔热性能好的材料。棚下地面应大于凉棚投影面积,一般东、西两端应各长出 3～4 米,南、北两侧应各宽出 1～1.5 米。凉棚内地面要用三合土夯实,地面经常保持 20～30 厘米厚的沙土垫层。

(四)牛舍内设施

1. 牛　床

(1)分布方式

①单列式　单列式肉牛舍只有一排牛床,牛舍跨度一般为 6～7 米,易于建筑,通风良好,适于建成半开放式或开放式牛舍。缺点是:散热面积大,如果饲养头数多,牛舍则很长,显得布局分散,对于运送草料、粪便都不方便。典型的单列式牛舍有三面围墙和房顶盖瓦,敞开面与休息场即和舍外拴牛处相通。舍内有走廊、饲槽与牛床;喂料时牛头朝里,牛舍的净道(饲料道)与污道(粪便道)分别设置在牛舍的两侧,分工明确,不会产生交叉。这种形式的房舍可以低矮些,适于冬、春季节较冷,风较大的地区。因为牛舍造价低廉,但占用土地多,所以适用于规模较小的

肉牛场。单列式占地较双列式增加25％～40％,建筑材料用量增加20％～25％(图2-26)。

②双列式　规模养殖的牛舍多采用双列式,即内设对称的两排饲槽和牛床(图2-27)。一般以100头左右建一栋牛舍,跨度为10～12米,分左右两个单元。优点是节省用地,房舍紧凑,牛群集中,便于管理。缺点是牛舍因跨度较大,对屋顶构架材料要求较高。

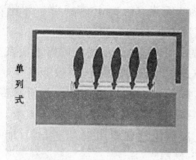

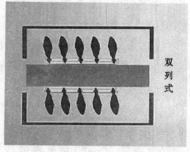

图2-26　单列式牛床示意图　　　图2-27　双列式牛床示意图

双列式牛舍又分为头对头式和尾对尾式两种(图2-28,图2-29)。

图2-28　双列头对头式牛床　　　图2-29　双列尾对尾式牛床

头对头式:中央为运料通道,两边依次为饲槽、牛床和清粪道。两侧牛槽可同时上草料,便于饲喂,肉牛采食时两列牛头相对,不会互相干扰。

尾对尾式:中间为清粪道,两边依次为牛床、饲槽和饲料通道。牛成双列背向。

在肉牛饲养中,以头对头式应用较多,饲喂方便,便于机械作业和观察牛的采食状况。缺点是清粪不方便。

③多列式 这种形式的特点是,饲料道和清粪道分工不够明确。但适用于较大规模的牛场(图2-30)。

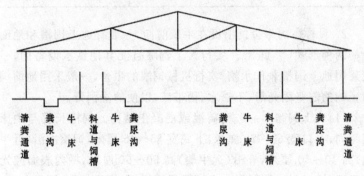

图2-30 多列式头对头式牛床

(2)牛床面积 牛床是牛吃料和休息的地方,牛床的长度依牛体大小而异。一般牛床的设计是使牛前躯靠近饲槽后壁,后肢接近牛床边缘,粪便能直接落入粪沟内即可。牛床过宽、过长,牛活动余地过大,会使牛的粪尿易排在牛床上;过短、过窄,会使牛体后躯卧入粪尿沟,影响牛体卫生。所以,牛床大小应根据牛的不同类型分别设计(表2-2)。牛床应高出地面5厘米,保持平缓的坡度为宜,以利于排水和保持干燥,坡度通常为1‰～1.5‰。目前,牛床一般采用较粗糙的水泥地面,并在后半部设线防滑,或采用立砖地面。

表 2-2　牛床面积设计参数

类 别	牛 床	
	长（米）	宽（米）
犊 牛	1.20	0.90
育成牛	1.70～1.80	1.0～1.20
育肥牛	1.80～2.00	1.10～1.20
妊娠母牛	1.80～2.00	1.20～1.25
成年母牛	1.60～1.80	1.10～1.20

2. 饲槽　肉牛舍饲槽设在牛床前面，一般有地上饲槽和地面饲槽两种形式（彩页 3）。实行人工饲喂且无其他饮水设备的，一般采用地上饲槽兼作水槽；实行机械饲喂的牛舍，一般采用地面饲槽。饲槽需坚固光滑、不透水、稍带坡，以便清洗消毒。

（1）地上饲槽　一般为砖混或混凝土结构。饲槽长度与牛床宽相同，上口宽 60～70 厘米，下底宽 35～45 厘米，饲槽内沿（近牛侧）高 40～50 厘米，外沿（远牛侧）高 50～60 厘米，槽内表面应光滑坚固，槽底做成圆弧形。在饲槽后设栏杆，用于拦牛（图 2-31）。

（2）地面饲槽　设计地面饲槽时，饲槽底部一般比饲槽挡料板或墙上沿低 20 厘米，比牛床高 15～20 厘米，饲槽宽 60～70 厘米。如果饲槽兼作水槽，则可抬高中间饲喂通道，槽底部抹成圆弧形，一般比饲喂通道低 10～15 厘米。

3. 饮水设备　肉牛场饮水设备的种类主要有常规饮水槽、电热饮水槽、饮水碗及恒温饮水槽等（彩页 4）。饮水槽应按照每头成年母牛 20 厘米的需求设计。一般拴系育肥牛的食槽兼作饮水槽，每天定时饮水；高档育肥肉牛、繁殖母牛应专门设置饮水槽，水槽一般设置在两圈牛的隔栏处或运动场，保证牛只随时能喝到清洁的水。

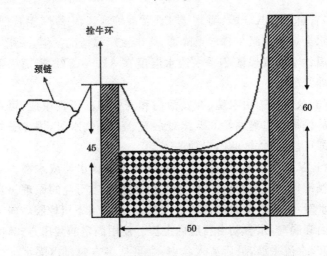

拴牛环

颈链

45

60

50

图 2-31 地上饲槽侧面示意图 （单位：厘米）

（1）**常规饮水槽** 一般使用混凝土、不锈钢等材质。需人工定时添加水。保温性能差，寒冷冬季易结冰。

（2）**电加热饮水槽** 主要由电器加热控制系统、盛水槽体、支撑固定架、给排水管、浮子五部分组成。电器加热控制系统采用24 伏交流电，功率依据外界环境温度及风速等计算，加热温度可进行调节。另外，装有液位传感器和温度传感器，由配电箱统一控制。目前应用的电加热饮水槽主要有两种：一种是盛水槽体内外层均采用不锈钢材料，保温层采用聚氨酯填充，进排水口设在槽体两侧底部。支撑固定架为不锈钢支腿。给水管、进水管与预留的给水管连接，配备保温棉，特别寒冷的地区加电加热带等保温防冻措施。浮子是特殊设计的，能够确保不漏水。这种饮水槽对外传热较快，造成能源较大消耗。另一种是采用高密度食品级聚乙烯热滚塑一次性中空成型，保温层采用聚氨酯整体发泡成型，抗冲击强度高，具有抑菌性、抗紫外线、耐腐蚀性，无裂缝和死角，微生物不易附着，便于清洁，使用寿命可达 15 年以上。在我国内蒙古、黑龙江、吉林、辽宁、新疆、河北、陕西、甘肃等地区,冬季气温较低,饮冰冷水会造成育肥牛日增重降低、母牛流产等情况发生,采用电加热保温饮水槽可保证冬季牛饮水温度在 8℃～15℃,提高牛群整体饲养管理水平。

(3)饮水碗　由水碗、弹簧活门和开关门的压板组成,可在每头牛的饲槽旁边离地约 0.5 米处装置。当牛饮水时,用鼻子按下压板即可饮水,饮毕活门自动关闭。

(4)恒温饮水器　包括输送管路和自动饮水器或水槽。利用牛嘴触动饮水盆内圆形触片,产生机械性开启闭合的原理。当牛要喝水时,牛嘴自动触动盆内圆形触片,使弹簧下压橡胶球向下移动与内套脱离,水自动由盆底向上流。使用固定的减压方式,使水流上升,水流平稳,最后流入盆内,牛可从多方向自由喝水。当牛不喝水时,触片与橡胶球在弹簧的作用下自动回位,切断水流。此设备真正做到牛低头有水、抬头无水的状态,这不仅使牛能自由喝水,还能节省劳动力和用水量。

4. 粪尿沟　粪尿沟设在牛床与清粪通道之间,一般为明沟,沟宽 25～30 厘米,以板锹能放进沟内为宜,深 10～15 厘米,以免牛蹄滑入造成扭伤。沟底应有 1%～2% 的排水坡度。

5. 通　道

(1)饲料通道　在饲槽前设置饲料通道。通道高出地面 30～40 厘米为宜。单列式和双列尾对尾式牛舍的饲喂通道位于饲槽与墙壁之间,双列头对头式牛舍饲喂通道位于两槽之间。人工饲喂方式的饲料通道一般宽 1.5～2 米,机械饲喂的一般宽 2.5～3.5 米。

(2)清粪通道　清粪通道也是牛进出的通道,多修成水泥路面,路面应有一定坡度,并刻上线条防滑。清粪道宽度应满足粪尿运输工具的进出往返,一般宽 1.5～2 米。路面要向粪沟倾斜,坡度为 1%。

6. 拴系设备 拴系设备用来限制牛在床内的活动范围。采用拴系式饲养,每头牛都用链绳或牛颈枷固定拴系于饲槽或栏杆上,都有固定的槽位和牛床,不能随便走动、相互干扰,便于饲喂和进行个体观察。拴系设备在中短期架子牛育肥中应用十分普遍。实行这种饲养方式的肉牛进舍以后饲喂、休息时都在牛床上,一直拴系肥育达到出栏体重。

拴系设备有硬关节颈枷式和软链式两种(图 2-32,图 2-33)。硬式颈枷多采用钢管制成,设计颈枷时,要能保证肉牛站立时前冲所需的空间,以防止牛颈部受伤,成年牛的颈枷以 120 厘米高为宜。使用硬式颈枷,管理方便,但牛的活动范围很小。软链式多用铁链或绳索。其中,铁链拴牛又有固定式、直链式和横链式 3 种。最简便的是固定下颈链式,用铁链或结实的绳索制成,在内槽沿设有固定环,绳索系于牛颈部和固定环之间。绳索长度应能保证牛正常的休息、用头部蹭其身体侧面等行为。

图 2-32 拴系设备(颈枷)　　图 2-33 拴系设备(软链)

直链式如图 2-34 所示。一般尺寸为:长链长 120~140 厘米,下端固定于饲槽前壁,上端拴在一根横栏上;短链长 50 厘米,两端用两个铁环穿在长链上并能沿长链上下滑动。这种拴系方式,肉牛可上下左右自由活动,采食、休息均较为方便。

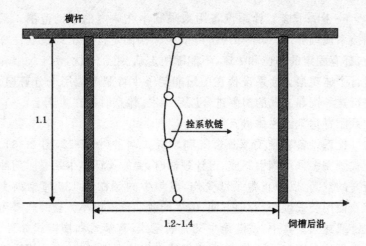

图 2-34 直链式拴系架正面示意图 （单位：米）

(五)各种牛舍建造要求

1. 母牛舍 单列式母牛舍建议跨度为 6.5～7 米，双列式母牛舍建议跨度为 10～12 米；长度最好在 100 米以内；每头牛占牛舍面积 6～8 米²，运动场面积 15～20 米²。

2. 产房及初生犊牛栏 产房及初生犊牛栏应设置在成年母牛舍与后备牛舍之间的位置。产房的床位数可按成年母牛头数的 20% 配置，每头母牛占牛舍面积 8～10 米²，每头犊牛 2 米²，运动场面积 15～20 米²，产栏 3.6 米×3.6 米。产房内应设产床及初生犊牛隔离间，地面应铺设麦草等垫草。犊牛在隔离室饲养 7 天后转到后备牛舍的犊牛群饲养。犊牛栏是为出生到断奶阶段犊牛设计的。目前，规模化牛场一般在产后母牛舍的一侧专门设置可自由进出母牛栏的犊牛栏，或有门限制犊牛进出母牛栏的犊牛栏。犊牛栏要求清洁干燥，通风良好，光线充足，防止贼风和潮湿。犊牛栏内可放置低矮的饲槽或盆，以便犊牛能自由饮水、采食精料和草。

3. 犊牛舍 每头犊牛占牛舍面积 3～4 米², 运动场面积 5～10 米²。地面应干燥, 易排水。

4. 育成牛舍 牛舍建设参数与母牛舍相同。每头育成牛占牛舍面积 4～6 米², 运动场面积 10～15 米²。

5. 育肥牛舍 普通育肥牛一般拴系饲养, 每头牛占牛舍面积 6～8 米²。高档肉牛小群散放饲养, 每头牛占牛舍面积 6～8 米², 运动场面积 15～20 米²。

6. 隔离牛舍 是对新购入牛或病牛进行隔离观察、诊断、治疗的地方。建设参数与母牛舍相同。舍内不设卧栏。

六、地秤、保定架和装卸台

(一)地　秤

在肉牛场, 地秤根据其用途分为称量饲草料等物资的地秤和称量牛只体重的地秤。

1. 称量饲草料等物资的地秤 安装位置一般选在牛场辅助生产区(饲草料加工区), 并且是饲草料运输车辆经常经过的道路旁边。选择地秤时要注意其量程(最大称重), 同时要选好台面的长度。在规模化牛场, 可选择量程 20 吨以上、台面长度 6 米以上、宽度 3 米的地秤(图 2-35)。

2. 称量个体牛只的地秤 地秤的量程不宜超过 2 吨, 以减少称重的误差, 台面长 1.5～2 米、宽 1～1.2 米。安装位置一般选在靠近牛舍的道路旁边。安装前, 在选好的位置挖一个长和宽比秤盘长宽相应多出 2 厘米、深 10 厘米左右的地槽, 槽底和四壁最好用水泥抹面, 将地秤放入后要使秤盘的水平面高出地面。为了便于称重, 可在秤的两侧(与秤的长轴平行)距秤盘 5 厘米处设置高

1.2 米、长度略长于地秤长度的钢制固定架。在秤的前后设置钢管活动门,便于牛在称重时进出。此外,还要设置一连接牛舍门与地秤的专门称牛通道,通道宽1～1.2米(图2-36)。

图 2-35　称量饲草料等
物资的地秤

图 2-36　称量个体牛只的
地秤及通道

(二)保定架

保定架是牛场用于固定牛只的设施,在疫苗和药物注射、灌药、编耳号及治疗时使用,繁育牛场最好配备保定架。通常用圆钢材料制成,架的主体高160厘米,前颈枷支柱高200厘米,立柱部分埋入地下约40厘米,架长150厘米、宽65～70厘米(图2-37)。

图 2-37　保定架

(三)装 卸 台

　　装卸台是牛只装车或卸车的设施,也是减少外界与牛场之间
相互感染的必要措施。任何牛
场均需建设装卸台。装卸台应
建在牛场隔离区不干扰牛场营
运且车辆转运方便的地方,要
求距离牛舍不宜过远。装卸台
建设一般采用砖混材料或钢
架,可建成宽 3 米、长约 8 米的
驱赶牛的坡道,坡的最高处与
车厢平齐,两侧有栏杆,高 1.2

图 2-38　装 卸 台

米左右,坡度应小于或等于 20％,能让牛缓慢自行上下(图 2-38)。

第三章　肉牛场环境控制

肉牛场环境控制与肉牛生产有着密切关系。肉牛在恶劣的环境中生长缓慢,机体抵抗力下降,易诱发各种疾病。对牛舍的温度、湿度、气流、光照等小气候环境进行控制与改善,在一定程度上可以缓和极端环境对牛群的影响,以减弱环境应激对牛只健康和生产造成的危害,减少饲料的额外消耗和降低牛的发病率、死淘率,以获得较高的生产效率。

一、牛场环境影响因素

(一)温　度

研究表明,牛的适宜环境温度为5℃～21℃,牛舍温度控制在这个温度范围内,其增重速度最快,高于或低于此范围,均会对牛的生产性能产生不良影响。温度过高,采食量和日增重明显下降,瘤胃发酵异常,呼吸次数每分钟增加12～20次;性周期延长,假发情增多,受胎率降低。肉牛育肥适宜温度应低于30℃。温度过低,肉牛体温调节功能失常。一方面,饲料消化率降低;另一方面,牛因为要提高代谢率以增加热量来维持体温,所以增加了饲料的损耗。疫牛、犊牛、病弱牛受低温影响产生的负面效应更为严重。总的来说,牛场在夏季要做好防暑降温工作,冬季要注意防寒保暖。不同阶段的牛因个体差异对环境温度要求不同,针对不同情况,牛场应适时做出调整。表3-1为不同牛舍对温度的具体要求。

表 3-1　牛对温度的要求　（单位：℃）

牛舍类别	舍内温度				
	最适温度	最低温度	最高温度	夏　季	冬　季
育肥牛	10～15	2	25	10～15	20～25
哺乳犊牛	12～15	6	27	20	20～25
产后母牛	15	10	25	20	25

（二）湿　度

牛舍的水汽主要来源于 3 个方面：一是由大气带入的水分，占舍内空气总水汽量的 5%～10%；二是牛体排出的水分，约占 55%；三是地面、粪尿、污湿的垫料等蒸发的水分，占 10%～35%。由于牛舍四周墙壁的阻挡，空气流通不畅，牛体排出的水汽，堆积在牛舍内的潮湿物体表面的蒸发和阴雨天气的影响，使得牛舍内空气湿度大于舍外。肉牛对牛舍的适宜空气相对湿度为 55%～75%。一般温度条件下，空气湿度对牛体的热调节没有影响。高温高湿的环境，会导致牛的体表水分蒸发受阻、体热散发困难、体温上升加快、机体功能失调，牛体会感觉更热，呼吸困难，此时很不利于牛的生长发育。低温高湿的环境，会增加牛体热散发，使体温下降，牛体会感觉更冷，生长发育受阻，饲料报酬降低。此外，空气湿度过高时，会促进有害微生物的孳生，为各种寄生虫的繁殖发育提供了条件，牛容易产生疾病，特别是皮肤病和肢蹄病发病率增高，对牛健康不利。

（三）气　流

适当的空气流动可以保持牛舍空气清新，维持牛体正常的体温。牛舍气流的控制及调节，除受牛舍朝向与主风向进行自然调节以外,还可人为进行控制。例如,夏季通过安装电风扇等设备改变气流速度;冬季寒风袭击时,可适当关闭门窗,牛舍四周用篷布遮挡,使牛舍空气温度保持相对稳定,减少牛只呼吸道、消化道疾病。一般牛舍内气流速度以 0.2～0.3 米/秒为宜,气温超过 30℃的酷热天气,气流速度可提高到 0.9～1 米/秒,以加快降温速度。

(四)光 照

增加光照时间对牛体生长发育和健康保持有十分重要的意义。阳光中的紫外线具有强大的生物效应,照射紫外线可使皮肤中的 7-脱氢胆固醇转变为维生素 D,有利于日粮中钙、磷的吸收及骨骼的正常生长和代谢;紫外线具有强烈的杀灭细菌等有害微生物的作用,牛舍进行阳光照射可达到消毒的目的。

牛舍的采光方法分为自然采光和人工采光两种。牛舍的自然采光是温度调节的重要手段。冬季,光照可使牛舍温度升高,有利于牛的防寒取暖。阳光照射的强度与每天照射的时间变化,还可引起牛脑神经中枢相应的兴奋,对肉牛繁殖性能和生产性能有一定的作用。采用 16 小时光照、8 小时黑暗,可使育肥肉牛采食量增加,日增重得到明显改善。不同牛舍对采光系数要求不一样,牛舍采光系数是指窗户受光面积与牛舍内面积的比值。一般情况下,肉牛舍的采光系数为 1∶16,犊牛舍为 1∶10～14。简单地说,为了保持采光效果,窗户面积应接近于墙壁面积的 1/4,在冬季应保证牛床有 6 小时的阳光照射。人工照明的光源主要有白炽灯和荧光灯。牛舍内应保持 16～18 小时/天的光照,并且要保证足够的光照强度,白炽灯为 30 勒,荧光灯为 75 勒。人工照明采光法不仅适用于无窗牛舍,自然采光牛舍为补充光照和夜间照明也需安装人工照明设备。

（五）尘　埃

新鲜的空气是促进肉牛新陈代谢的必需条件。空气中浮游的灰尘是病原微生物附着和生存的好地方，所以为防止疾病的传播，牛舍一定要避免灰尘飞扬，保持圈舍通风换气良好，尽量减少空气中的灰尘。

（六）噪　声

强烈的噪声可使牛产生惊吓，烦躁不安，出现应激等不良现象，从而导致牛休息不好，食欲下降，影响牛的增重，降低生长速度。因此，牛舍应远离噪声源，牛场内保持安静。一般要求牛舍内的噪声水平白天不能超过 90 分贝，夜间不能超过 50 分贝。

（七）有害气体

在敞棚式、开放式或半开放式牛舍内，空气流动性大，所以牛舍中的空气成分与外界大气相差不大。而封闭式牛舍，由于空气流动不通畅，如果设计不当（墙壁未设透气孔或过于封闭）或管理不善，牛体排出的粪尿、呼出的气体以及排泄物和饲槽内剩余残渣的腐败分解，造成牛舍内有害气体（如氨气、硫化氢、二氧化碳）增多，诱发牛的呼吸道疾病，影响牛的身体健康。所以，必须重视牛舍通风换气，保持空气清新卫生。一般要求牛舍中二氧化碳的含量不超过 0.25%，硫化氢气体浓度不超过 0.001%，氨气浓度不超过 0.0026%。

1. 氨气　是牛舍空气中常见的有害气体，主要是由粪尿、饲料、垫料等含氮有机物质分解产生，其含量的多少取决于粪尿处理方式、舍内饲养密度、舍内通风换气状况等。当牛舍潮湿、通风不良时，舍内氨气含量就会增加。虽然氨气比重较轻，但因其产自粪尿等废弃物，所以牛舍下部浓度也相对较高。低浓度氨长期作用于肉牛,虽然没有明显的病理症状,但会降低生产性能和机体对传染病的抵抗力。高浓度的氨可引起明显的病理症状,产生支气管炎、肺炎等呼吸系统疾病。

2. 二氧化碳 主要由牛的呼吸作用排出。二氧化碳本身无毒,但高浓度的二氧化碳会造成空气中的氧气含量不足,肉牛长期生活在缺氧的环境中,会出现精神不振、食欲减退,生产力水平及抵抗力下降等现象。二氧化碳的浓度常与氨、硫化氢和微生物含量呈正相关,在一定程度上可以反映空气的污浊程度。

3. 硫化氢 若长期处于低浓度硫化氢的环境中,肉牛体质变弱,免疫力降低,易发生胃肠炎、气管炎、鼻炎、结膜炎、肺水肿、心脏衰弱等。高浓度的硫化氢可直接抑制呼吸中枢,引起窒息和死亡。

二、牛场环境控制措施

(一)牛舍适宜类型选择

牛舍类型的选择,要着重考虑通风、隔热、降温 3 个方面。在南方温暖地区,采用敞开式或半敞开式牛舍,能达到通风、防暑降温的目的。但在北方寒冷地区,采用有窗开放型牛舍是合理的。为方便工人喂料和清理粪便,冬季牛舍温度以保持在 6℃～12℃ 为宜。北方地区肉牛舍,特别是封闭式牛舍,夏季应考虑增加通风降温措施,冬季则应考虑如何解决保温与通风之间的矛盾。

(二)牛场场区保温隔热设计

1. 牛舍朝向 在牛场规划设计时,应正确选择牛舍的朝向和布局。

2. 牛舍檐高 牛舍的高度不宜太低,因为侧墙高度会影响自然通风效果。牛舍檐口高度不能低于 3 米,双列设置的牛舍檐高一般不低于 3.6 米,且随着牛舍跨度的增加,牛舍高度也需增加。表 3-2 列出了普渡大学推荐的不同跨度肉牛舍的檐口高度。

表 3-2　不同跨度肉牛舍的檐口高度 　(单位:米)

牛舍跨度	≤12	15	18	21	24	30
檐口高度	3.6	4.2	4.2	4.8	4.8	4.8

3. 牛场绿化　绿化是成本最低、效果最好、最直接的降温方式。绿化除具有净化空气、改善小气候状况、美化环境等作用外,还具有缓和太阳辐射、降低环境温度的作用。具体设计方法见 28 页。

我国北方地区太阳高度角冬季小、夏季大,牛舍朝向以坐北朝南为宜。夏季直射阳光不会进入牛舍,可以避免舍内温度升高;冬季直射阳光进入牛舍,可以提高舍内温度,并使地面保持干燥。所以在设计建造时,黑龙江、吉林、辽宁、内蒙古、青海、新疆等地区的牛舍为了防寒、采光、排湿,牛舍朝向以坐北朝南为宜。华北部分地区及黄河以南则以降温、通风为主,牛舍朝向以坐东朝西为宜。

近年来,一些地区应用了一种新型牛舍,呈南北走向,其设计的优点在于:夏季太阳高度角大,在上午 11 时至下午 1 时进入棚舍的阳光少;而在冬季,太阳高度角小,进入棚内的直射阳光也不少。便于冬季保暖,夏季防暑。

4. 牛舍遮阴　为了降低牛舍周围环境的温度,可利用一定的设施遮断太阳辐射,缓解肉牛热应激。遮阴的方法主要有以下几种。

(1)悬挂遮阳网或草帘遮阴　我国现有牛舍建造的朝向不少为东西朝向,各地区东西朝向的太阳辐射强度远大于南北向,因此东西向牛舍的防暑性能很差,夏季可以在东、西两个朝向的纵墙位置(开放式牛舍无墙)增加遮阳网或者悬挂草帘遮阴(图 3-1)。

图 3-1 悬挂草帘遮阴

(2)运动场凉棚遮阴 牛舍运动场可以设置凉棚以减少牛的热负荷。凉棚宜长轴为东西向,高 3.5 米,面积按每头牛约 4 米²计算。棚下地面应大于凉棚投影面积,一般东西两侧应各长出 3～4 米,南北两侧应各宽出 1～1.5 米。

(3)牛舍挑檐遮阴 挑檐是指屋面挑出外墙的部分。牛舍屋顶要有挑檐,这样夏季可防止阳光直射到牛身上,并能使外侧牛床保持干燥。挑檐的长度一般为 0.9～1.2 米。在阳光直射的时间里,透进有遮阴设施窗口的太阳辐射量与没有遮阴设施窗口的太阳辐射量的比值,称为外遮阴系数。外遮阴系数越小,透进窗户进入舍内的太阳辐射热量就越小,隔热效果越好。遮阴设施无论在开窗或闭窗的情况下均有隔热降温的作用,同时会对采光和通风有一定影响,在进行遮阴设计时应统筹考虑。

(三)牛舍外围护结构隔热措施

隔热是阻止舍外热量传到舍内,其隔热性能的强弱取决于所用建筑材料的热阻值和蓄热性能,热阻值高、蓄热能力强的外围护结构,传入舍内的热量少,外围护结构内表面温度低,可减轻内表面对肉牛的热辐射。所以,应选择合适的外围护结构材料和结构,以保证达到理想的隔热效果。外围护隔热一般包括屋顶隔热和墙体隔热。牛舍各方向接受太阳辐射的量不同,水平方向最高,东西向其次,南北方向最小,故隔热的重点是屋顶,其次是东墙、西墙,再次是南墙、北墙。开放或半开放的牛舍一般不需要考虑墙体的隔热,只需保证屋顶隔热。

1. 屋顶隔热　根据隔热的原理不同,屋顶常采用以下隔热措施。

(1)采用浅色饰面,降低屋顶太阳辐射吸收系数　屋顶外表面(屋面)吸收太阳辐射可使舍外热作用提高,而水平面接受的太阳辐射热量最大,因此要减少热作用,必须降低外表面太阳辐射吸收系数。屋面材料种类较多,合理选择材料和构造,降低太阳辐射热对舍外热作用的影响是可行的。屋顶颜色尽量做成浅色的,白色等浅色屋顶对太阳辐射的反射系数大,吸收太阳的辐射热较少,可降低屋顶外表的温度,减少传导热,提高屋顶的隔热能力。

另外,热反射隔热涂料适用于屋面。外表面温度随太阳辐射变化显著,隔热屋面和非隔热屋面外表面温差最大值接近 $15℃$,内表面温差在 $1℃\sim2℃$,室内空气温度相差在 $0.5℃\sim1℃$。目前,在牛舍屋顶采用热反射隔热涂料的应用还未见报道,可能是该方法在简易牛舍屋顶上施工不便,且成本较高。

(2)提高屋顶自身的隔热性能　在屋顶本身的隔热设计中,一方面,要尽量采用轻质的隔热层和重质的结构层,形成复合的构造方式。例如,在承重层与防水层之间增设一层实体轻质材料(隔热层),如炉渣混凝土、泡沫混凝土等,以此增大屋顶的热阻与热惰性。另一方面,将隔热层布置在围护结构的外侧,只有这样,才能提高围护结构的衰减倍数,降低表面温度波动,减少传入舍内的热量。虽然提高屋顶自身隔热性能可能会降低舍内温度,但是设计者和牛场还是偏好使用隔热性能不太好的简易屋顶材料,如单层彩钢板、彩钢夹芯板、石棉瓦和干草等,极少使用民用建筑中重质材料与轻质材料复合的隔热构造,因为简易屋顶材料造价较低、施工维护简单。

(3)采用通风隔热屋顶 肉牛舍通风隔热屋顶主要有通风屋脊和通风间层屋顶两种形式。

①通风屋脊 通风屋脊屋顶较常规的坡屋面而言可以增大牛舍通风量,将聚集在屋顶的热空气排出(图3-2)。

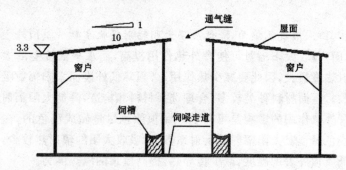

图3-2 通风屋脊屋顶 (单位:米)

通风屋脊的缝隙宽度与牛舍跨度的关系为:牛舍跨度÷屋脊缝隙宽度=60。

②通风间层屋顶 通风间层屋顶的原理是在屋顶设置通风间层,一方面利用通风间层的外层(屋顶接触舍外空气的面层)遮挡阳光,避免太阳辐射热直接作用在围护结构上;另一方面间层内充满了空气,空气的导热系数只有0.02,起着隔热材料的作用。间层设有进风口和排风口,间层的空气是流通的。利用风压和热压的作用,尤其是自然通风,当层间的空气晒热变轻,从排气口排出,冷空气由进气口流进,通过空气的对流降低间层内空气的温度,从而减少传至屋顶基层(屋顶接触室内空气的面层)的热量,从而起到隔热作用。通风间层屋顶的跨度不宜超过15米,间层高度以20厘米左右为宜,基层应有适当的隔热层(图3-3)。

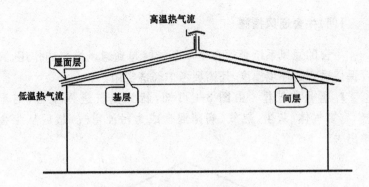

图 3-3　通风间层屋顶

2. 墙体隔热　对于有窗式牛舍,墙体隔热与屋顶隔热的措施基本相同。主要的隔热措施有:采用浅色饰面,采用轻质隔热材料在外、重质材料在内的复合隔热构造,采用通风间层墙体,在外墙采用绿化遮阴。

在我国南方炎热地区,日照时间长,太阳辐射强烈,若现有的牛舍是采用东西朝向的开放舍,可在东、西两面设遮阴设施。

3. 其他隔热措施

①牛舍窗户设双层窗,或在冬季覆盖塑料薄膜以加强冬季保温性能。

②舍内顶棚设置吊扇,在夏季最热的阶段开启风扇增加气流运动,促进牛体散热。也可在牛舍内安装喷淋设施,在夏季中午时分给牛体冲凉。

③在牛舍两侧山墙上端的排气口可安装排气扇,在冬季门窗关闭时可适当开启排风扇进行适度换气,以排除舍内过多的水汽及有害气体。

④冬季要控制好舍内的用水量,并及时清除粪尿,以减少舍内水汽产生,降低空气湿度。

(四)牛舍通风措施

牛舍的通风系统必须在全年既能够起到通风换气的作用,又要保持适宜的环境温度,还需要考虑经济实用。

1. 通风的过程 由图 3-4 可知,新鲜空气进入牛舍,与湿气、有害气体、灰尘、热气、病菌混合成为污浊空气,最后从牛舍排出去。

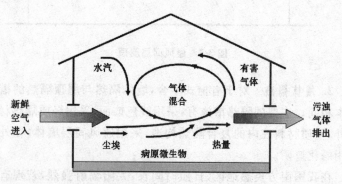

图 3-4 基本的通风过程

2. 通风过程应实现的目标

①让新鲜的空气能够通过设计好的通风口进入牛舍;

②让进入到牛舍的新鲜空气能够和舍内的空气充分混合;

③缓解牛舍内的闷热状况,并净化牛舍空气;

④把牛舍内潮湿、污浊的空气带出牛舍。

3. 通风不良造成的后果

①氨气会对牛的呼吸道造成终身伤害;

②过量的湿气会引起很多呼吸道疾病;

③舍内过量的湿气遇冷凝结,会造成屋顶、侧墙和走道上结冰。

4. 判定牛舍通风不良的方法

①有氨气气味;

②从屋面向下滴水;

③墙或玻璃上发潮;

④屋顶、墙和地面上结冰;

⑤走道上的牛粪大量结冰。

5. 具体措施　牛舍的通风系统分自然通风和机械通风两类。自然通风常见于散栏饲养和前敞式圈养,依靠自然风和牛舍内外的温差来实现通风换气。机械通风系统是通过风机来进行舍内、外气体交换。两种通风方式都要求牛舍有尺寸合适的通风口才能实现内、外空气的充分流通。机械式通风系统的控制通常是用温度调节装置来完成的,而自然通风系统一般需要人工控制。

(1)自然通风　自然通风系统是在风和牛舍内外温差的作用下进行通风换气的,要想充分发挥自然通风系统的作用,牛舍需要具备一定条件:有可以连续敞开的屋脊通风口、可以连续敞开的侧墙通风口、可以连续敞开的檐下通风口和光滑的屋顶内表面,并把屋面坡度控制在不小于30%的范围。

新鲜空气则通过敞开的屋檐和侧墙通风口进入牛舍实现换气(图3-5)。换气过程中,热气、潮气和污浊气体从敞开的屋脊或侧墙通风口排出。即使是在完全没风的天气,有些自然通风系统也会由于热气、潮气上升产生烟囱效应,从而实现通风换气。对于有面积较大的可调节通风口或半敞开式牛舍,在风的作用下,夏天空气的交换频率还会增大。这些可以连续敞开的通风口能够为牛舍提供充足的新鲜空气。

①牛舍的选址　牛舍的正确选址是保证自然通风发挥作用的关键。牛舍应建在四周没有树木或其他建筑遮挡并且地势较高的地方,以保证气流通畅。树木、塔或其他建筑物在顺风方向对气流的阻断距离是它们本身高度的5～10倍。如果要在有这类障碍物

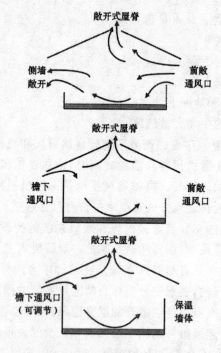

图 3-5 自然通风牛舍的气流

的地方建造采用自然通风系统的牛舍,则从各个方向都至少要远离这些障碍物 23 米以上。

②牛舍的方位 牛舍的方位也会影响自然通风系统的通风效果。自然通风牛舍面朝东修建可以最大限度地利用自然风,在夏季这种作用尤为突出。与山墙的通风口相比,风从敞开的侧墙或屋檐下通风口进入牛舍可以更好地进行均衡的通风换气。两侧通风在天气热的时候显得格外重要。而面朝东的牛舍恰好可以让夏季的流行风向与牛舍屋脊的通风口保持垂直。

③通风口 对于自然通风系统来说,尺寸适当的屋脊屋檐通风口和尺寸足够大并且可以调节的侧墙通风口都是非常重要的。

在寒冷的冬季,屋脊屋檐进风口可部分关闭,侧墙和山墙全部封闭;春、秋季节,屋脊屋檐通风口全部打开,侧墙山墙调节通风口保持舍内适宜温度;夏季屋脊屋檐通风口全部打开,侧墙山墙窗户全部打开。

④卷帘 国内的大多数老式牛舍都有较高的侧墙,近年来,一些新建的大规模牛场开始采用活动卷帘替代牛舍两面侧墙(彩页1)。卷帘可根据换气需要进行开合,保温隔热,通风效果好,一举两得。夏季可将卷帘拉起,使封闭式牛舍变成棚式牛舍。卷帘的使用需要安装相应的防风装置,常见的材料有龙骨杆、缆绳等。

(2)机械通风 无动力风帽是利用自然界的自然风速推动风机的涡轮旋转及舍内外空气对流,将任何平行方向的空气流动,加速并转变为由下而上垂直的空气流动,以提高舍内通风换气效果的一种装置(彩页1)。该风机不用电,无噪声,可长期运转。设置在屋面的顶部,能迅速排出舍内的热气和污浊气体,改善舍内环境。

无动力风帽的特点是:①弧形风叶能保证工作状态下不会让雨水浸入;②排风效率高,只要在不低于0.2米的微风或舍内、外温度差超过0.5℃,可轻盈、有效地运转;③中心轴设有精细台阶,在高速运转下涡轮的风叶不易变形,从而大大提高了通风机的使用寿命;④24小时无须人员操作、重量轻、绿色环保、无噪声、寿命长、安装简便迅捷、适用性广泛;⑤独特的圆形外观和支撑结构,可保证涡轮可以经受大风的袭击;⑥采用独特的变角管径,只要在0°～22.5°倾角的各种轻钢结构压型板屋面、混凝土屋面都可以直接安装,其他坡度加附件也可以安装。

(3)负压风机 负压风机的工作原理是通过风机的机械动力,在牛舍内强力抽风,将牛舍内热气、异味排出,使舍内气压下降,空气变稀薄,舍内、舍外形成气压差,新鲜空气自然流入牛舍,形成空气对流的换气方法(彩页1)。在实际应用中,负压风机集中安装于牛舍一侧,进气口设置在牛舍另外一侧,空气由进气口到负压风机形成对流吹风。在这个过程中,靠近负压风机附近的门窗保持关闭,强迫空气由进气口一侧门窗流入牛舍,从舍内流过,由负压风机排出牛舍。

第四章 饲草料加工贮存设施与设备

一、饲草料加工机械与设备

(一)青贮饲料收获加工机

青贮饲料调制的第一步是青饲料的生产、收获、装运。原料青贮前一般都要切碎,切碎可使液汁渗出,有利于乳酸菌发酵,而且原料切碎后容易压实和排除空气,养分损失少。原料切割长度一般为1~3厘米。青贮饲料收获加工的劳动量较大,仅靠手工作业不适应大规模生产的要求,必须使用机械操作,包括青饲料收获机械和铡草机械。

1. 青饲料收获机 青饲料和青绿作物都是在茎叶繁茂、生物量最大、单位面积营养物质产量最高时收获。当前比较适用的机械是青饲料联合收获机,在一次作业中可以完成收割、捡拾、切碎、装载等多项工作(图4-1)。

图4-1 青饲料联合收获机械

(1)组成部分 青饲料联合收获机一般由喂入装置和切碎抛送装置组成机身,机身前面可以挂接不同的附件,用于收获不同品种的青饲作物,常用的附件有全幅切割收割台、收割台和捡拾装置3种。全幅切割收割台采用往复式切割器进行全幅切割,适于收获麦类及苜蓿类青饲作物。割幅为1.5~2米,大型的可达3.3~4.2米;收割台采用回转式切割器进行收获,适于收获青饲玉米等高秆作物。捡拾装置由弹齿式捡拾器和螺旋输送器组成,用于将割倒铺放在地面的低水分青饲作物拾起,并送入切碎器切成碎段。装载青饲料的挂车可直接挂接在青饲料收获机后面,也可由另一台拖拉机牵引,随行于青饲料收获机后面。

(2)种类 青饲料联合收获机按动力来源分为牵引式、悬挂式和自走式3种。牵引式靠地轮或拖拉机动力输出轴驱动,悬挂式一般都由拖拉机动力输出轴驱动,自走式的动力靠发动机提供。

按机械构造不同,青饲料收获机可分为以下几种。

①滚筒式青饲料收获机 收获物被捡拾器拾起后,由横向绞龙输送到喂入口,喂入口与上下喂入辊接触,通过中间导辊进入挤压辊之间,被滚筒上的切刀切碎。经过抛送装置,将青饲料输送到运输车上。这类收获机与普通谷物联合收获机类似。

②刀盘式青饲料收获机 这类收获机的割台、捡拾器、喂入、输送和挤压机构与滚筒式收获机相同,其主要区别在于切碎部分,切刀数减少时,对抛送没有太大影响。

③甩刀式青饲料收获机 此类机械又称连枷式青饲料收获机,当关闭抛送筒时,可使碎草撒在地面作绿肥,也可铺放草条。

④风机式青饲料收获机 与刀盘式青饲料收获机的主要区别在于用装切刀的叶轮代替装切刀的刀盘。叶轮上的切刀专用于切碎,风叶产生抛送气流,将切碎的原料抛送到接料筒。

(3)维护与保养

①每天工作前必须彻底清理机器上残留的玉米叶、碎茎秆及

附着物,经常清扫发动机水箱上的附着物,清理割台圆盘刀下、底架平面上等处的泥土、杂物等。

②检查切割器有无损坏及各部件固定情况,检查和调节三角带和链条松紧度及带轮与链轮固定情况,检查喂入辊是否松动及松紧是否适当,检查切碎割滚筒刀片,滚筒轴承是否松动,出现故障及时排除。

③工作中要经常注意油温、油压、电流表、水温等工作是否正常,如有异常必须立即停车检查。

④青贮收获机的所有摩擦部位均需要及时、仔细和正常地润滑,所有黄油润滑点每天加油 1 次(无极变速被动盘轴头黄油 5 天加 1 次,不可加太多),以提高机械的可靠性,延长机器使用寿命。

2. 青饲料铡草机 铡草机,也称切碎机,主要用于切碎粗饲料,如谷草、稻草、麦秸、玉米秸等。按机型大小可分为小型、中型和大型。小型铡草机适用于广大农户和小规模养殖户,用于铡碎干草、秸秆或青饲料。中型铡草机也可以切碎干秸秆和青饲料,适用于养牛专业户和小规模养殖场。大型铡草机常用于规模较大的养殖场,主要用于切碎青贮原料。铡草机是牧场、农户饲养肉牛必备的机具。切碎是秸秆、青贮料或青饲料加工利用的第一道工序,也是提高粗饲料利用率的基本方法。

(1)组成部分 铡草机主要由喂入机构、铡切机构、抛送机构、传动机构、行走机构、防护装置和机架等部分组成。

(2)种类 铡草机按切割部分的型式分为滚筒式和圆盘式两种。

①滚筒式铡草机 滚筒式铡草机型号很多,但其基本构造是由喂入、切碎、抛送、传动、离合和机架等部分组成。喂入装置主要由链板式输送器、压草辊和上下喂草辊等组成。上喂草辊的压紧机构采用弹簧式和结构紧凑的十字沟槽连轴节。切碎和抛送装置联成一体,由主轴、刀盘、动刀片、抛送叶片和定刀片组成。可换齿

71

轮的齿数分别为 13、22、56、65,选配不同的齿数,可改变传动速率,得到不同的铡草长度(图 4-2)。

②圆盘式铡草机 该机是由喂入链、上下喂草辊、固定底刀板以及由切刀、抛送叶板等构成的刀盘组成(图 4-3)。例如 93ZP—1000 型铡草机,生产率为 1 000 千克/小时,切碎长度为 15~35 毫米,主轴转速为 800 转/分钟,配套动力 3 千瓦电机。

图 4-2 滚筒式铡草机

图 4-3 圆盘式铡草机

大中型铡草机为了便于移动和作业及抛送青贮饲料,一般多为圆盘式,并装有行走轮。小型铡草机以滚筒式为多,且多为固定式。

(3)维修与保养 青饲料铡草机的维修与保养非常重要,在操作过程中,要注意以下几点。

①经常检查各紧固件有无松动,并拧紧。

②加强对轴承座、联轴节、传动箱的维护保养,定时加注或更换润滑油。

③对切割间隙可调的铡草机,要根据作物茎秆的粗细合理调整切割间隙,保证铡草机正常工作。

④发现刀片刃口磨钝时,应用油石对动刀片进行磨刃。

⑤每班作业完毕,应及时清除机器上的灰尘和污垢;每季作业结束后,应清除机器内杂物,在工作部件上涂上防锈油,置于室内

通风干燥处。

3. 推、堆、压实设备 一般使用履带式或加宽的轮式推土机或装载车进行推、堆、压实。一边将运输车辆倾倒在地上的已切碎青贮作物进行推、堆，一边来回碾压，达到填实紧压的目的。

4. 青贮饲料取用机械

(1)铲车 使用铲车取青贮，速度快效率高。缺点是能耗成本高，切面不平齐，易发生二次发酵或因露天被雨水浸泡造成较大浪费损失(图4-4)。

(2)青贮专用取料机

①特点 机械化作业，高效、节省劳动力、降低成本，可大大提高工效；减少不规则取料方式造成的青贮浪费，提高饲料利用率；取料截面整齐严密，减少青贮饲料养分流失；提高青贮饲料品质，防止二次发酵；取料输送过程，使青贮饲料得到充分搅拌，养分分布更均匀；自走式设计，电力、液压驱动，操作简便快捷(图4-5)。

图4-4 铲车取青贮饲料　　图4-5 青贮专用取料机

②修护保养

第一，在保养、检查、清理前必须先切断所有电源。

第二，张紧传送链条，需要两侧同时张紧，在链条的底部检查，直到链条可用手拉起 3～5 厘米为止。

第三,每 500 小时注润滑脂点:取料滚筒轴承座;链轮轴承座。

第四,每 100 小时注润滑脂点:链轮轴承座;滑动轴承;转向立轴。

第五,链条润滑。开始 3 次每 20 小时向链条上涂 1 次润滑油,以后每 50 小时涂 1 次。在机器停止使用 1 周以上时,应向链条上涂大量的润滑油,以防止生锈腐蚀。

第六,液压油的更换。春、夏、秋三季建议采用 68♯ 液压油,冬季建议采用 46♯ 液压油检查。

第七,经常检查取料滚筒刀片及链轮,如有必要应进行更换。

第八,经常检查液压油及齿轮油,如缺少应及时添加。

(二)秸秆揉丝机

揉丝机是将农作物秸秆(包装玉米秸、大豆秸、稻草、高粱秸、麦秸)或柠条、沙柳等灌木加工成丝状物的机械(图 4-6)。该机械可将农作物秸秆及柠条等灌木揉碎至长度 5 厘米左右,加工后的物料柔软无硬结,使牛只采食的适口性大为改进,其全株采食率可从原来的 50% 提高到 95% 以上(表 4-1)。

图 4-6 揉丝机

表4-1 揉丝机性能指标

性　能	指　　　　标				
生产效率 （吨/小时）	玉米秸秆 2～5	棉　秆 5～8	麦秆 2～3	稻草 3～4	柠条 2～4
出草距离（米）			5～8		

1. 组成部分 秸秆揉丝机主要由进料装置、传动装置、喂料装置、铡切装置、粉碎装置、过滤装置、抛送装置、行走装置、防护装置、牵引装置等组成。

2. 注意事项 操作者事先必须熟悉机器的结构和性能，并对机组进行如下检查：各部位的紧固件不得有松动；检查锤片磨损程度，确定是否需更换；开口销有无断裂现象，如有断裂要及时更换；清除机内堵塞物；主轴转动是否灵活，应无碰撞和摩擦现象；传动皮带必须装好防护罩；认真清除物料中的石头、铁块等，以防损坏机内零件。

启动机器后，须待机器运转平稳后方可开始工作。操作人员工作时应站在喂入口的侧面，以防硬物从喂入口弹出伤人。喂料时，高速旋转的锤片抓取能力很强，因此必须均匀喂料，以防喂入过多，造成超负荷工作而出现卡、堵现象。如果出现堵塞，应将物料挑出后重新喂入，禁止用铁棒送料。操作者在工作过程中不得脱离工作岗位，若机器出现异常声响，应立即停机检查，排除故障。不得在运转情况下打开上壳体检查调整机器；工作结束后要切断电源，清扫机器和现场。

3. 维护与保养

①及时将机内清理干净，并检查各紧固件是否松动，如有松动随即旋紧。

②每工作30小时，两轴承须加润滑脂1次。工作300小时

后,将轴承油污清洗干净,重新加注润滑脂。

③要经常检查锤片的磨损情况,锤片使用一段时间后,可根据锤片棱角磨圆的情况调换使用,如4个棱角已全部磨损,须更换新锤片。

④定期检查传动胶带张弛度,并及时调整。

(三)饲料粉碎机

主要用于粉碎各种精饲料原料和各种粗饲料。饲料粉碎的目的是增加饲料表面积和调整粒度。增加表面积可以提高适口性,且在消化道内易与消化液接触,有利于提高消化率。调整粒度一方面可以减少牛只咀嚼时耗用的能量,另一方面对输送、贮存、混合及制粒更为方便,效率和质量更高。

1. 种 类

(1)对辊式粉碎机　是一种利用一对做相对旋转的圆柱体磨辊来锯切、研磨饲料的机械,具有生产率高、功率低、调节方便等优点,多用于小麦制粉业。在饲料加工行业,一般用于二次粉碎作业的第一道工序(图4-7)。

(2)锤片式粉碎机　是一种利用高速旋转的锤片来击碎饲料的机械。它具有结构简单、通用性强、生产率高和使用安全等特点。适用于农作物青(黄)秸秆、玉米等籽实颗粒型饲料粉碎。根据进料方向不同,可分为切向、轴向和径向3个系列。锤片式粉碎机的主要结构部件由喂料斗、挡料板、活动锤片、转子、小齿板、筛片、大齿板、风机和集料筒等组成。工作时,秸秆由喂料斗送入工作室,首先被锤片打击,得到一定程度的粉碎,同时以较高的速度甩向固定在粉碎室内部的齿板和筛片上,受到齿板的碰撞和筛片的搓擦而进一步粉碎,在粉碎室中如此重复进行,直至粉碎到可通过筛孔为止(图4-8)。

图 4-7　对辊式粉碎机　　　　**图 4-8　锤片式粉碎机**

（3）齿爪式粉碎机　是一种利用高速旋转的齿爪来击碎饲料的机械,具有体积小、重量轻、产品粒度细、工作转速高等优点（图 4-9）。

图 4-9　齿爪式粉碎机

2. 选购时的注意事项　选购粉碎机时,应根据作业项目数量先选定机型,再根据制造质量、销售价格、零配件供应情况选定具体产品。挑选时,先做外观检查,然后检查附件、说明书、合格证是否齐全。具体内容如下。

①选型时,首先考虑所购进的粉碎机是粉碎何种原料的。以粉碎谷物饲料为主的,可选择顶部进料的锤片式粉碎机;以粉碎糠

麸谷麦类饲料为主的,可选择齿爪式粉碎机,也可选择切向进料锤片式粉碎机;粉碎贝壳等矿物饲料,可选用贝壳无筛式粉碎机;如用做预混合饲料的前处理,要求产品粉碎的粒度很细又可根据需要进行调节的,应选用特种无筛式粉碎机等。

②一般粉碎机的说明书和铭牌上,都载有粉碎机的额定生产能力(千克/小时)。所载额定生产能力,一般是以粉碎玉米,含水量为贮存安全水分(约 13%)和 1.2 毫米孔径筛片的状态下的产量为准。因为玉米是常用的谷物饲料,直径 1.2 毫米孔径的筛片是常用的最小筛孔。选定粉碎机的生产能力应略大于实际需要的生产能力,避免因锤片磨损、风道漏风等引起粉碎机的生产能力下降时,不会影响饲料的连续生产供应。

③粉碎机的能耗很大,在购买时应考虑节能。根据有关部门的标准规定,锤片式粉碎机在粉碎玉米用 1.2 毫米筛孔的筛片时,每度(千瓦小时)电的产量不得低于 48 千克。

④粉碎机的配套功率。当换用不同筛孔时,对粉碎机的负荷有很大的影响。选用筛孔孔径较大的筛片时,粉碎机电机容量较选用筛孔孔径较小的筛片时低。

⑤考虑粉碎机排料方式。粉碎成品通过排料装置输出有 3 种方式:自重落料、负压吸送和机械输送。小型单机多采用自重下料方式以简化结构。中型粉碎机大多带有负压吸送装置,优点是可以吸走成品的水分,降低成品湿度,有利于贮存,可提高粉碎效率 10%～15%,降低粉碎室的扬尘度。机械输送多为产量大于 2.5 吨的台式粉碎机采用。

3. 使用时的注意事项

①粉碎机长期作业,应固定在水泥基础上,如果经常变动工作地点,粉碎机与电动机要安装在用角铁制作的机座上。如果粉碎机用柴油作动力,应使两者功率匹配,即柴油机功率略大于粉碎机功率,并使两者的皮带轮槽一致,皮带轮外端面在同一平

面上。

②粉碎机安装完后要检查各部紧固件的紧固情况,若有松动必须拧紧。

③检查皮带松紧度是否合适,电动机轴和粉碎机轴是否平行。

④粉碎机启动前,先用手转动转子,检查一下齿爪、锤片及转子运转是否灵活可靠,壳内有无碰撞现象,转子的旋向是否与机上箭头所指方向一致,电机与粉碎机润滑是否良好。

⑤不要随便更换皮带轮,以防转速过高使粉碎室产生爆炸,或转速太低影响工作效率。

⑥粉碎台启动后先空转2～3分钟,没有异常现象后再投料工作。

⑦工作中要随时注意粉碎机的运转情况,送料要均匀,以防阻塞闷车,不要长时间超负荷运转。若发现有振动、杂音、轴承与机体温度过高、向外喷料等现象,应立即停车检查,排除故障后才可继续工作。

⑧粉碎的物料应仔细检查,避免铁、石块等硬物进入粉碎室造成事故。

⑨操作人员不要戴手套,以防手臂被皮带卷入绞伤。送料时应站在粉碎机侧面,以防反弹杂物打伤面部。

4. 维护与保养

(1)及时检查清理　每天工作结束后,应及时清扫机器,检查各部位螺钉有无松动及齿爪、筛子等易损件的磨损情况。

(2)加注润滑脂　最常用的是在轴承上装配盖式油杯。一般情况下,只要每隔2小时将油杯盖旋转1/4圈,将杯内润滑脂压入轴承内即可。如是封闭式轴承,可每隔300小时加注1次润滑脂。经过长期使用,润滑脂如有变质,应将轴承清洗干净,换用新润滑脂。机器工作时,轴承升温不得超过40℃,如在正常工作条件下,轴承温度继续增高,则应找出原因,设法排除故障。

（3）仔细清洗待粉碎的原料 严禁混有铜、铁、铅等金属零件及较大石块等杂物进入粉碎室内。

（4）不要随意提高粉碎机转速 一般允许与额定转速相差为8%～10%。当粉碎机与较大动力机配套工作时,应注意控制流量,并使流量均匀,不可忽快忽慢。

（5）机器开动后,不准拆看或检查机器内部任何部位 各种工具不得随意乱放在机器上。当听到不正常声音时应立即停车,待机器停稳后方可进行检修。

（四）秸秆饲料压块机

秸秆压块机是把秸秆等生物质原料粉碎压缩制成高效、环保燃料或饲料的设备（图4-10,图4-11）。

图 4-10 秸秆固定式压块机　　　**图 4-10 秸秆移动式压块机**

1. 种类 秸秆压块机分为:平模秸秆压块机、环模秸秆压块机和环平模秸秆压块机。平模秸秆压块机主要用于压缩稻壳、瓜子壳、锯末等难以成型的原料,压缩密度大,在0.8～1.6克/厘米³之间调节,可用来生产各种生物质燃料。环模式秸秆压块机主要用来生产牛、羊用饲料,其压缩密度适中,在0.8～1克/厘米³之间,产品不用特殊处理可直接饲喂,尤其在生产玉米秸原料产量及成型率很高。环平式秸秆压块机,是一种饲料、燃料加工通用机械,而且使用原材料广泛,对花生壳、稻草能达到100%的成型,而且产量远远高于环模机型,密度在0.8~1.3克/厘米^{3}之间可调节。

2. 组成部分 由上料输送机、压缩机及出料机等部分组成。压缩机由机架、电动机、进料口、传动系统、压辊、环模、电加热环、出料口等部分组成。

3. 工作原理 先将准备压制的秸秆或牧草用铡草机或揉丝机粉碎成长度50毫米以下的原料,含水率控制在10%~25%。然后经上料输送机将物料送入进料口,通过主轴转动,带动压辊转动,并经过压辊的自转,物料被强制从模型孔中呈块状挤出,并从出料口落下,回凉后(含水率不能超过14%)装袋包装。

经过秸秆成型成套设备生产成型,商品率大大提高。同时,由于摩擦挤压作用,使物料的容积密度增大,温度上升,高温使原料中的有机成分发生反应,使秸秆由"生"变"熟",提高了牛的适口性、采食率,便于消化和吸收、运输和长期贮存,方便进入商品流通。

4. 注意事项

①使用前请仔细阅读本说明书各项内容,并严格按照操作规程及先后顺序操作。

②成型机对水分的要求:玉米秸、小麦秸、稻草的含水量在10%~30%之间均可成型,以15%~20%之间为最佳。花生壳、稻壳的含水量在12%~14%时,成型效果最好。

③料斗内无料请勿空转。如因原料水分超过30%发生闷机(不出料)现象时,应及时关闭机器,清理料斗内的湿料,再加入符合要求的原料即可正常生产。

④听到机器有异常响动时,立即停机检查,严禁取下料斗开机,以防压辊伤人。

(五)精饲料混合机

在生产配合饲料中,将配合后的各种物料均匀地混合在一起,是确保配合饲料质量和提高饲喂效果的主要环节。饲料中的各种组分混合得是否均匀,将显著影响肉牛的生长发育。常用的饲料混合设备包括卧式、立式和锥式3种形式。

1. 卧式混合机 配套动力大,占地面积大。可与其他设备配套使用,也可单独使用。混合时间较短(2～6分钟),生产效率高,混合质量较高,卸料后机内物料残留量较少。一般用于大型肉牛场。

2. 立式混合机 配套动力小,占地面积小。可与其他设备配套使用,也可单独使用。混合时间长(15～20分钟),生产效率低,混合质量较卧式差,卸料后机内物料残留量较多。一般用于小型肉牛场干粉料混合。

3. 锥式混合机 混合作用强,时间短,效果好。物料残留量较少,还可添加液体,物料特性和物料装满程度都不会对混合机的正常运转产生明显影响,主要用于预混合饲料加工。

(六)全混合日粮(TMR)混合搅拌车

TMR 饲料搅拌车是用于装载、制备动物饲料的机器,配有电子称重、智能化控制和操作系统,可集取各种粗饲料和精饲料以及饲料添加剂以合理的顺序投放在 TMR 饲料搅拌车混料箱内,通过绞龙和刀片的作用对饲料切碎、揉搓、软化、搓细,经过充分混合后获得增加营养指标的全混合日粮。

1. TMR 搅拌车选型

(1)根据搅拌箱的外形分类

①立式 TMR 搅拌车 立式搅拌机内部是 1～3 根垂直设置的立式螺旋转绞龙,只能垂直搅拌,揉搓功能较弱,既可切割小型草捆(每捆重量小于 500 千克),又可加工大草捆(每捆重量大于

500千克),不需要对长草进行预切割,机箱内不易产生剩料,行走时要求的转弯半径小(图4-12)。

②卧式TMR搅拌车　卧式搅拌机内部是1～4根平行设置的水平绞龙,既有水平搅拌,又有垂直搅拌,具有较强的揉搓功能,适用于切割小型草捆,需要对长草进行预切割。缺点是机箱内剩料难清理,行走时要求的转弯半径大(图4-13)。

图4-12　牵引立式TMR搅拌设备　　图4-13　牵引卧式TMR搅拌设备

(2)根据动力类型分类　具体牛场的TMR搅拌设备选配,应根据实际情况而定。首先应从牛舍的建筑结构考虑,自走式是由搅拌车自带的动力系统进行驱动,牵引式是由拖拉机进行驱动,二者都可以直接进入牛舍,进行饲料的投放饲喂。特点是饲喂简便,可以节省劳动力。但这两种车型对牛舍的建筑结构有一定的要求,道路宽度最低不能小于3米,牛舍门宽应大于2.8米、高度应达到3米,通道两头都应有可进出的门,门口转弯半径应大于6米。否则,只能选用固定式,固定式搅拌车动力由电机提供,实际运作中是将搅拌车安放在一个固定的位置,原料及搅拌好的全混合日粮(TMR)由三轮车等其他工具运输。

2. TMR搅拌车的容积　TMR机通常标有最大容积和有效混合容积,前者表示最多可以容纳的饲料体积,后者表示达到最佳混合效果所能添加的饲料体积。有效混合容积约等于最大容积的

80％。全混合日粮水分控制在 50％左右时，加工的日粮容重为
275～320 千克/米^3（表 4-2）。

表 4-2　不同规模牛场 TMR 搅拌车容积参考数

牛场规模（头）	100～300	300～500	800～1000	2000～3000	3000～10000
TMR 搅拌车容积（米^3）	7	9	12	30	60

3. TMR 饲料搅拌机的保养　正确操作使用搅拌设备，必须
详细阅读说明书并认真贯彻。不按照使用说明书操作，造成的后
果就是提前更换不应该更换的零件，如传动链条、链轮、后绞龙轴
承、输送带，绞龙严重磨损甚至折断，更严重的是更换减速装置，最
终加大维修成本，缩短整机使用寿命，耽误牛场生产。TMR 饲料
搅拌机总的来看结构简单：动力＋减速装置＋传支部分＋绞龙＋
搅拌箱体等部件＝整体设备。虽然设备的零件少，但是每一个零
部件都很重要。在搅拌过程中，转动的绞龙与各种饲草料之间不
断地运动，产生强大的作用力与反作用力，当作用力超出设计允许
范围，破坏性就开始增加。而绞龙切割刀片的使用寿命，主要与饲
草干湿、长短、品种等因素有关，因此 TMR 饲料搅拌机日常的检
查维护保养尤其重要。

4. 搅拌车的日常维护

①根据搅拌车使用频率，至少每 2 个月调整 1 次方形切刀与
底部对刀之间的距离，最大不要超过 1 毫米，以缩短搅拌时间，降
低油耗，保证日粮搅拌效果。根据刀片磨损情况，及时调整刀片方
向或更换新刀片。

②经常留意链条松紧，及时调整，并经常加油。

③绞龙、链轮每 5 天注 1 次黄油，后部抓取青贮大臂 2～3 天
加 1 次黄油。

④经常留意电瓶电解液是否缺少。

⑤PTO 连接轴要经常抹黄油。

⑥称重元件会因频繁地使用,经过一定的时期后会有所偏差,一般对秤每月校正 1 次,以保证称量的准确。简单的校正方法为:搅拌机四角放 50 千克重的袋子,读出重量;然后当装满 1/3、1/2 时,四角再各放 50 千克重的袋子,看秤的读数是否增加 200 千克。

5. 牵引式搅拌车配套拖拉机的选型　在选择牵引式搅拌车的配套拖拉机时,应重点考虑以下几点。

①设备生产厂家应给出动力输出轴的最低所需功率,用户可根据拖拉机厂家给出的参数进行选配。

②动力输出轴应为六花键,转数为 540 转/分钟,并且动力输出轴的操作最好为独立式的。

③牵引板应为独立式的,不能与动力输出在同一条直线上(不允许使用下拉杆进行)。

④牵引电瓶电压应为 12 伏直流。

6. 固定式搅拌车在安装前的准备工作　固定式搅拌车在安装前应做好以下准备工作。

①根据固定式搅拌车所配电机的大小选择"3＋1"芯皮缆线,长度为从配电柜到搅拌车的配电柜为准。

②牛场必须配备合适的变压器,并且该变压器必须满足所有使用该变压器的用户同时使用。

③电压满足 380 伏,在使用过程中不能低于 360 伏。

④根据生产厂家提供的安装示意图,将安装场地清理好,地面混凝土厚度应不少于 20 厘米,地脚螺栓可预埋好或在设备落位后利用膨胀螺栓固定。

7. TMR 搅拌车使用时的注意事项

①严禁用机器载人、动物及其他物品。

②严禁将机器作为升降机使用或者爬到切割装置里,当需要

观察搅拌车内部时请使用侧面的登梯。

③传动轴与设备未断开前,不准进入机箱内。

④严禁站在取料滚筒附近、料堆范围内及青贮堆的顶部。

⑤严禁调节、破坏或去掉机器上的保护装置及警告标签。

⑥机器运转或与拖拉机动力输出轴相连时,不能进行保养或维修等工作。

⑦严禁进行改装,即使是对机器的任何组成部分进行很小的改动都是禁止的。

⑧严禁使用非原产的备件。

⑨在所有工作结束后,要将拖拉机和搅拌车停放平稳,拉起手制动,降低后部清理板,将取料滚筒放回最低位置。

⑩当传动轴在转动时,要避免转大弯,否则将损坏传动轴。在转大弯时,应先停止传动轴再转弯,这样可以延长传动轴的使用寿命。另外,还要注意传动轴转动时,人不能靠近,防止被传动轴卷入,造成人身伤害。

⑪在升、降大臂之前要确定大臂四周没有人,其次要确保截止阀是否处于打开状态。

⑫取料滚筒大臂在取料滚筒负荷增大时,会自动上升,经常这样会对机车的液压系统有一定的损坏。所以,在负荷过大时,应调整大臂下降速度或减小取料滚筒的切料深度。

⑬在改变取料滚筒的转向时,应先等取料滚筒停止转动后再进行操作,否则将容易损坏液压系统。

⑭在下降取料滚筒大臂时,应在大臂与大臂限位杆即将接触时调低大臂的下降速度(可用大臂下降速度调节旋钮进行调节),这样可以避免大臂对限位杆的冲击,保证限位杆及后部清理铲不受损坏。

⑮高效混合时必须给机箱内至少留有 20％的自由空间,用于饲料的循环搅拌。要避免出现饲料没有循环搅拌,都搭在副绞龙

上。这样,会使绞龙的负荷增大,从而使链条容易被拉断。

⑯如果发现搅拌时间比往常要长的话,需要调整箱体内的刀片。随着绞龙运动的刀片称为动刀,固定在箱体上的称为定刀。正常情况下,动刀刃和定刀刃之间的距离是小于1毫米的。如果动刀磨损,需要更换。如果定刀磨损,可以将其抽出来换个刀刃,因为定刀有4个刀刃,因此可以使用4次。要特别注意的是,换刀时,要保证拖拉机处于熄火状态,最好钥匙能在换刀人手上,以保证人身安全。

⑰取料顺序原则:先长后短、先重后轻、先粗后精。实际情况可以根据混合料的要求来调整投料的顺序。

⑱卸料时要注意先开卸料皮带,后开卸料门;停止卸料时,要先关卸料门,再关卸料皮带,这样可以防止饲料堆积在卸料门口。

二、青贮设施

青贮的方式主要有4种,即采用青贮窖、青贮塔、塑料袋青贮和地面堆贮,可以根据不同的条件和用量选择不同的青贮方法及相应的配套设施。

(一)青贮池(窖)

青贮池(窖)是传统的青贮方式,主要优点是造价较低,作业比较方便,既可人工作业,也可以机械化作业。容积可大可小,能适应不同生产规模,比较适合我国农村现有生产水平。缺点是贮存损失较大。

1. 窖址选择　青贮池(窖)应选择地势较高、向阳、干燥、地下水位低、土质较坚实的地方,不宜建在低洼处或树阴下,还要避开交通要道、粪场、垃圾堆等,同时要求距离牛舍较近,并且四周要有一定空地,便于运料。青贮池主要有地下式、半地下式和地上式3

种方式(图 4-14,图 4-15)。地下水位低、土质坚硬地区宜采用地下式或半地下式;地下水位高或砂石较多、土层较薄的地区宜采用地上式。每种方式的窖底应距地下水位 0.8 米以上。生产实际中,地下式和半地下式青贮窖存在取料、排水困难等问题,因此新建青贮窖建议采用地上式。

图 4-14　地下式青贮池　　　　图 4-15　地上式青贮池

2. 形状与规格

(1)容积的确定　青贮池(窖)有长方形和圆形两种。最常用的是长方形池(窖),三面有墙,一面敞开。青贮池(窖)容积大小应根据饲养数量确定,一般按每头牛每天饲喂 10~15 千克玉米青贮计算,每头成年牛每年需饲喂玉米青贮 3 650~5 500 千克,青贮池(窖)容积需在 8~10 米³。各种青贮原料的单位容积质量,因原料的种类、含水量、切碎和压实程度不同而不同。几种常用青贮原料的估计重量见表 4-3,供计算青贮重量时参考。设计时,应考虑贮存和饲喂过程中的损失,一般可按 20% 的损失率计算。

表 4-3　青贮原料铡碎后的容重

青贮原料种类	重量(千克/米³)
玉米秸秆	450~500
牧　草	600

续表 4-3

青贮原料种类	重量(千克/米³)
叶菜类及根茎类	700～800
甘薯藤	700～750
全株玉米、向日葵	500～550

(2)**断面尺寸的确定** 青贮池应有足够的深度,不仅有利于青贮料制作过程中下沉压紧,而且暴露表面积小,可减少霉变。青贮池的高度一般为 2.5～4 米。确定宽度时,应考虑尽量减少取料过程中的霉变损失,一般要求每天取料深度在 20 厘米以上。同时,宽度还应满足压实机械和运输原料的车辆对操作和回转空间的需要。一般小型池宽 3 米左右,中型池宽 3～8 米,大型池宽 8～15 米。

(3)**长度与数量的确定** 在断面宽度、高度确定后,根据所需青贮池总容积、场地条件和经济条件等,最后确定青贮池的长度和个数。一般长度不小于宽度的 2 倍,但也不能太长,一般应在 7 天内可将青贮原料装满压实。

3. 墙体和地面建设要求 青贮池(窖)应坚固,不透气,不漏水。如有条件,青贮池(窖)围墙和地面可用混凝土浇筑或砖石砌筑、水泥抹面建成永久性窖。没条件的可挖成土窖,但窖壁要铲光滑,使用时窖壁和底部应铺一层厚 0.8 毫米以上的塑料薄膜。长方形的窖四角应修成弧形,便于青贮料下沉时排除残留空气。

在建设永久性窖时,墙体一般建成上窄下宽的梯形断面,有利于青贮原料的压实。内壁倾角 6°～9°。边墙基础埋深 50 厘米以上,墙体厚 40 厘米以上。大型青贮池可采用联池建设,便于操作和节省用地。青贮池地面需要满足承载力、防渗和碾压车辆荷载,混凝土地面厚度应在 10 厘米以上。同时,青贮池池内地面整体向取料口方向形成 0.5%～1% 的坡度,并高于池外地面 30 厘米左右,以利于排水。

(二)青 贮 塔

青贮塔多为圆桶形、地上式(图 4-16),也有一些为半地下式,可用于制作低水分青贮、湿玉米青贮或一般青贮。主要采用耐酸的不锈钢结构、砖石水泥结构或耐酸塑料板结构等永久性建筑材料。青贮塔建造要由专业部门设计施工。塔顶为平顶,直径 3.5～6 米,高度应不小于其直径的 2 倍、不大于直径的 3.5 倍,一般塔高 12～14 米。塔身一侧每隔 2～3 米留一规格为 60 厘米×60 厘米的窗口,装料时关闭,用完后开启。原料由机械从塔顶吹入落下,塔内由专人踩实。饲料由塔底层取料口用旋转机械取出。青贮塔占地少,使用期长,封闭严实,原料下沉紧密,发酵充分,青贮质量高,但一次性投资大。适用于机械化水平较高、饲养规模较大、经济条件较好的养牛场。

图 4-16　青贮塔

(三)地面堆贮

地面堆贮是一种较为简便的方法(图 4-17)。选择地势较高、干燥、平坦的地方,最好是水泥地面,铺上塑料薄膜,然后将青贮料卸在塑料薄膜上垛成堆。青贮堆的四边呈斜坡,坡度以装载机能开上去为准。青贮堆压实之后,用塑料薄膜盖好,塑料薄膜顶上用旧轮胎或沙袋压严,以防塑料薄膜被风掀开。青贮堆的优点是节省了建窖的投资,贮存地点的选择也十分灵活。适合各种规模的牛场。

图 4-17 地面堆贮

(四)塑料袋贮

塑料袋贮就是利用塑料袋形成密闭环境,进行饲料青贮。袋的大小可根据需要调节,为防穿孔,宜选用较厚并结实的塑料袋,可用两层。小型袋一般宽 80~100 厘米、长 150~200 厘米,塑料袋厚度 0.8~1 毫米,每袋装草 200~250 千克。大型袋青贮是将苜蓿、全株玉米等饲草切碎后,用袋式灌装机械将饲草高密度地装入由塑料拉伸膜制成的专用青贮袋,在厌氧条件下完成青贮,可青贮含水量高达 60%~65% 的饲草。大型袋直径一般 2~3 米、长30 米,可装 60~90 吨饲草。一个长 33 米的青贮袋可灌装 100 吨饲草。

采用塑料袋青贮方式有以下优点：①投资少，节省建窖和维修费用，节省了建窖占用的土地，综合效益高；②青贮保存期可长达 1～2 年，质量好，适口性好，损失浪费极少；③不受季节、日晒、降雨和地下水位的影响，可在露天堆放；④可集中收割、晾晒，短时间内完成青贮生产；⑤贮存方便，取用方便，易于运输和商品化。必要的条件是需将青贮原料切短、切细，喷入或装入塑料袋，排尽空气并压紧后扎口。如果无抽气机，应装填紧密，加重物压紧。此方法已在美国、欧洲、日本等发达国家广泛应用。

(五)捆扎包膜青贮

捆扎包膜青贮是将收获的玉米秸秆、新鲜牧草等原料经过切碎、揉丝后，用捆扎机高密度压实打捆，然后用包膜机包裹起来，造成一个厌氧发酵环境（图 4-18）。此方法的优点是：①青贮质量好，因霉变、流液、饲喂等造成的损失大大减少；②保存期长，可在野外堆放 1～2 年；③压实密封性好，每捆重量 40～55 千克，便于运输。包膜青贮的原理与一般青贮相同，技术要点也与一般青贮相似。采用包膜青贮法，要注意防止塑料薄膜破损，一旦发现破损，应立即用胶带粘补。

图 4-18 捆扎包膜青贮

三、饲草料库房

(一)干草库

干草库是专门用于堆放干草、秸秆或袋装成品饲草的棚舍。

1. 建设要求 应建在向阳、背风、干燥、平坦、管理方便、便于运输的地段。一般采用棚架结构,敞开式或三面围墙、阳面敞开,宜用拱形或双坡屋顶。干草库建设应注意防火防潮,宜采用混凝土地面,地面应高于棚外自然地坪 30 厘米。库房四周应设消防通道,并配备防火设施、工具,与周围建筑物应保持 20 米以上距离。

2. 建设面积 干草库建设规模应根据饲养量确定,饲草的贮存量按每头牛每天 3~5 千克计算,贮存量应满足 3~6 个月生产需要用量的要求。长度不宜超过 100 米,跨度不宜超过 20 米。不同规模干草库推荐建筑尺寸见表 4-4。

表 4-4 干草库推荐建筑尺寸

规模(吨)	50	100	150	300	500	1000
长度(米)	15~18	15~18	20~25	30~35	45~50	60~70
跨度(米)	7.5	7.5	7.5	9	9	15
檐口高度(米)	2.4	4.5	4.5	4.5	4.5	4.5

注:草捆容重按 300~40 千克/米^3 计算。

干草库建设面积计算举例:按肉牛混合群每头日均干草喂量 3 千克、每立方米草捆重 300 千克、平均堆垛高度 4 米、通道及通风间隙占 20%、贮存量按 180 天计算,则 1 000 头规模的肉牛场干草库面积 =(1 000 头×3 千克/头·天×180 天)÷300 千克/米^3÷4 米÷80% =562.5 米^2。

(二)精料库

精料库是专门用于存放谷物、饼类和各种辅助性用料的房屋，包括原料库、成品库、饲料加工间等。

1. 建设要求 原料库的大小以能贮存肉牛场 1～2 个月所需的各种原料为准。成品库可略小于原料库，库房内应宽敞、干燥、通风良好。一般精料库设计为砖混或轻钢结构，檐高 5～6 米，上、下均留有通风口。地面为混凝土，比周围场地高 30～50 厘米。如在当地购买散装玉米等原料，则精料库内部需要设计 2.5 米高的隔墙，将原料库隔成几个区，存放袋装原料的区域全部为通仓，只需把地面硬化即可。大型牧场需专门设计饲料加工车间，玉米等粒状谷物原料可使用立筒仓。如玉米使用立筒仓存放，则原料库面积可相应缩小。精料库主要原料贮存比例见图 4-19。

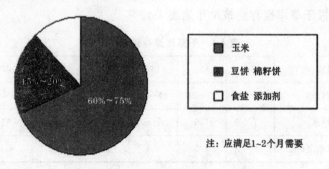

图 4-19 精料库主要原料贮存比例

2. 建设面积 精料库的面积与牛群规模、日平均喂量、贮存时间、堆垛高度有关。精饲料的贮存量应满足 1～2 个月生产用的要求。

精料库建设面积计算举例：一个规模 1 000 头的肉牛场，混合群日平均每头精料喂量 4 千克,原料库存满足 2 个月饲喂量,原料平均堆放高度 3 米,通道和堆垛间的通风间隙约占 20%,如果配合饲料容重为 600 千克/米^3,则原料库的面积=(1 000 头×4 千克/头·天×60 天)÷600 千克/米^3÷3 米÷80%=166.7 米^2,精料加工机组占地面积 100 米^2,配合好的精料使用成品仓,整个精料库面积 300 米^2 即可满足需要。表 4-5 为常用饲料原料容重。

表 4-5　常用饲料原料容重　（千克/米^3）

原　料	玉　米	小　麦	棉籽粕	豆　粕	棉　籽	麸　皮	次　粉
容　重	600～820	682～810	630～660	640～660	400～600	320～390	300～540

第五章 粪污处理设施与设备

一、牛舍清粪工艺

肉牛舍的清粪工艺取决于肉牛的饲养管理方式,目前肉牛的饲养方式分为拴系式、散栏式和放牧舍饲相结合的方式。采用舍饲育肥的肉牛舍,每天排粪尿量很大,在日常管理上产生的污水也很多。每头肉牛每天产生的粪尿占其体重的 7%～9%,如果不能及时清除,对牛体卫生和舍内的空气质量影响很大。通常肉牛舍的清粪工艺分为干清粪和水冲清粪两种。

(一)干清粪工艺

干清粪工艺包括机械清粪和人工清粪。

1. 机械清粪 当粪便与垫料混合或粪尿分离,呈半干状态时,常采用此法。清粪机械包括地上轨道车、牵引刮板、电动或机动铲车等。

采用机械清粪时,为使粪与尿液及生产污水分离,通常在牛舍中设置污水排出系统,液形物经排水系统流入粪水池贮存,而固形物则借助机械直接用运载工具运至堆放场。排水系统一般由排尿沟、降口、地下排出管及粪水池组成。为便于尿水顺利流走,牛舍的地面应稍向排尿沟倾斜。

(1)排尿沟 设在牛床后端,要求不透水,牛床应有 1.5%～2.5% 的坡度向排尿沟倾斜,沟的宽度一般为 32～35 厘米,明沟深度为 5～8 厘米(应考虑采用铁锹放进沟内进行清理),暗沟沟底应有 0.5%～1.5% 的纵向排水坡度。

（2）降口　通称为水漏，是排尿沟与地下排水管的衔接部分，牛舍降口深度不大于 15 厘米。为防止粪草落入堵塞，上面应安有铁箅子，与排尿沟同高。

（3）地下排水管　与粪水池有 3%～5% 的坡度，便于将降口留下来的尿液及污水导入畜舍外的粪水池中。如果粪水池距离牛舍很远，舍外应设检查井，排水管坡度在 0.5%～1.5% 即可。

（4）粪水池　应设在舍外地势较低的地方，距牛舍外不小于 5 米，须用不透水材料构成，可根据饲养头数，按贮积 20～30 天，容积 20～30 米^3 来修建。

2. 人工清粪　人工清粪一般采用铁锹、手推车或拖拉机等工具，将肉牛粪尿清除出牛舍，集中运至堆粪场加工处理。肉牛舍地面不用漏缝地板，而是采用舍内浅排污沟。这种方法简单灵活，设备投入低，减少了冲洗地面的用水，但工人劳动强度较大，工作效率低。我国现有的中小规模肉牛场多采用此方法。随着劳动力成本增加，人工清粪方式有被机械清粪方式替代的趋势。

（二）水冲清粪工艺

水冲清粪的主要工艺流程是采用高压水枪、漏缝地板，在肉牛舍内将粪尿混合，排入污沟，进入集污池；然后，用固液分离机将肉牛粪残渣与液体污水分开，残渣运至专门加工厂加工成肥料，污水通过厌氧发酵、好氧发酵处理。这种方法可以节省人工劳力。缺点是：①用水量大，排出污水中的 COD、BOD 值较高；②处理污水的日常维护费用大，污水泵要日夜工作，而且要有备用；③污水处理池面积大，通常需要有 7～10 天的污水排放贮存量；④投资费用较大，污水处理投资通常达到肉牛场投资的 40% 以上。这个方法不适合目前的节水、节能的要求，特别不适合我国中部和北方地区肉牛养殖。

水冲清粪在肉牛舍设计上的特点是地面采用漏缝地板,深排水沟,外建有大容量的污水处理设备。

(1)漏缝地面 固形的粪便被牛踩入沟内,少量残粪用水冲洗。肉牛采用的漏缝地板以混凝土材质居多,板条长 10～12 厘米,板条之间的缝隙宽度为 4～4.5 厘米。

(2)粪沟 根据漏缝地面的宽度而定,深度为 0.7～0.8 米,倾向粪水池的坡度为 0.5%～1%。

(3)粪水沟 有地下、半地下和地上式 3 种形式。在牛床和通道之间设置粪尿沟,粪尿沟必须防止渗漏,并且壁面要光滑,沟宽30～40 厘米、深 10～12 厘米,纵向排水坡度为 1%～2%。

基于不同的清粪工艺可知,采用粪尿分离的干清粪工艺更适用于肉牛舍。采用水冲式清粪工艺,耗水多,粪水贮存量大,处理困难,易造成环境污染,且水冲清粪还易导致牛舍内空气湿度升高,地面卫生状况恶化的现象;而干清粪工艺使牛粪的含水量减少,便于有机肥的生产利用,同时也最大化地减少了粪水的污染量,是目前养牛生产中提倡的清粪工艺。

二、清粪机械与设备

(一)铲 车

目前,铲车清粪工艺在国内外运用较多,是一种从全人工清粪到机械清粪的过渡方式。清粪铲车由小型装载机改装而成,推粪部分利用废旧轮胎制成一个刮粪斗,更换方便,小巧灵活。驾驶员开车把清粪通道中的粪刮到牛舍一端的积粪池中,然后通过吸粪车把粪集中运走。

(二)刮 粪 机

对于粪尿分离,粪便呈半干状态时,可采用刮粪板设备进行粪便清除。连杆刮板式适用于单列牛床;环形链刮板式适用于双列牛床;双翼形推粪板式适用于舍饲散栏饲养牛舍。

刮粪机的工作原理是:一个驱动电机通过链条或钢绳带动两个刮板形成一个闭合环路,一个刮板前进清粪,另一个刮板翘起,后退不清粪;环路四周有转角轮定位、变向。组合式刮粪板每天24小时清粪,卫生清洁程度高,易于安装,使用寿命长。

采用这种工艺的尾端积粪方式有倾倒盖式和漏缝倾倒式两种。当刮粪板运动到尾端时,盖子由刮板掀起倾倒粪便,之后刮板按照设定的行程自动返回,使得倾倒盖重新回到关闭状态。使用这个方式对牛或车辆的通行没有任何障碍,且气体排放量小,非常适合绿色牛舍。如果刮板将粪便倾倒在漏缝板上,粪便在缝隙间漏下去,但不是所有粪便都能轻易漏过去,特别是稻草或青贮饲料的粗块,最终还是留在板上,所以当牛舍很长时,这种漏缝式倾倒方式就不太适用。

(三)多用途滑移装载机

目前肉牛场一些很普通的日常工作,如清粪、饲喂通道拢料和清理、产栏清污和垫草、装卸精粗料和搬移牛舍设施等,还基本靠人工,或使用非专业性笨重机械来完成。美国在20世纪50年代发明制造了多用途滑移装载机,其可配置许多附件完成不同的工作,多用途滑移装载机在西方发达国家养殖业中已成为必不可少的通用机械装备。该机械的特点是:

1. 整机小巧坚固 最小型号带铲斗配置机身宽、长和高分别仅为0.91米、3.1米和1.9米;最大型号带铲斗配置机身宽度也只有1.88米。最小型整机自重2.5吨左右。前进、后退、行驶速度及转向均由两根操纵杆控制,静液压四轮驱动,原地360°旋转,非常灵活,适合狭小区域作业。

2. 操作简单易学 一般人接受5分钟的操作培训即可进行

基本操作,1 小时就能学会机器的附件更换、日常维护保养等内容。

3. 作业灵便节油　两侧独立的发动机一前一后反向运动,一侧轮正转,另一侧轮反转,从而实现原地 360°、在车身长区域内转向;四轮转向提供灵活性,滑移转向保证小范围活动,所以可在极为狭小的空间作业;两个脚踏板分别控制升/降动臂及倾斜(回收)铲斗,符合人体工程学,简单省力。牧场作业每小时仅耗油 2.5 升;其工作效率相当于 30～50 个人工。

4. 附件做活全面　多用途滑移装载机可以搭配近 70 种附件,完成不同内容的工作。例如,配置六向调角度推板,可执行拢料和推雪任务;配置铲斗,可执行推粪、补沙、给 TMR 车配料等任务;配置多用抓斗,可执行清理废草、运送垫草、垒贮草捆等任务;配置多用清扫器,就可完成扫地和扫雪任务。调换附件单人 2 分钟内即可完成。

5. 保养简便快捷、耐恶劣环境且使用年限长　后置横开门及主要部件横向排列,使被保养部件一目了然,保养维修时只需打开侧启式尾门,5 分钟内即可完成日常保养工作。轮胎层级为 10 层,3 年更换 1 次。链轮齿封装在链盒之内,机油润滑链条终身免维护。在极端严寒条件下(−37℃)亦能正常启动,在牧场工作环境下鲜见发生故障,使用年限一般为 10 年左右。

三、粪便运输方式及要求

将粪便及时地运输到贮存地或处理场所,避免在运输过程中因管理不利而对环境造成的污染,是肉牛场在管理上应十分重视的环节之一。因此,应遵循减量化的原则,实行"清污分流、粪尿分离",将固体粪便和液体粪污分别收集、输送,合理地制定粪便输送方案和选择输送设备。粪便根据含水率的多少可以划分为固态

(含水率＜70％)、半固态(含水率70％～80％)、半液态(含水率80％～90％)和液态(含水率＞90％)4种。输送粪便的设备主要取决于粪便的含水率。

(一)牛粪输送方式

1. 固态和半固态粪便的输送 采用人工干清粪工艺的牛舍,清理的新鲜粪便一般含水率较低,可利用机动车或人力手推车从牛舍输送到贮粪场进行处理。

2. 液态和半液态粪便的输送 一般利用地下管道输送,可保持场区卫生,便于机械化作业。对于大型牛场,可采用排污泵将管道中的液体粪污抽送到地下或地上贮粪池中。排污泵有离心式粪泵和螺旋式粪泵两种。

(1)离心式粪泵 一般为主轴式,叶轮为敞开式或半敞开式,在吸口外有切碎刀,有两个出料口。工作时粪泵伸入液态粪中,吸口处的切碎刀可将底部的垫草等残存物切碎,使其随粪泵吸入。离心式粪泵可输送含固率为10％～12％的粪便,并具有强烈的搅拌作用,搅拌范围可达15～22米。

(2)螺旋式粪泵 由一个垂直绞龙和一个离心泵组合而成,垂直绞龙下有粉碎器和搅拌器。工作时,粪便被螺旋桨式搅拌器搅匀,然后被吸入泵内,由粉碎器将垫草等杂物粉碎,再由垂直绞龙向上输送,最后由离心泵压出。螺旋式粪泵可输送含固率2％～25％的粪便,有一定的搅拌作用。

(二)牛粪输送要求

在粪便运输过程中,应满足以下要求:①采用人工清粪方式,应及时清除粪便,尽可能缩短在舍内停留时间;②尽量使用密闭清运工具,如管道、粪罐车;③尽可能使用地下管道输送液体粪便。

四、粪便贮存设施

(一)牛粪贮存要求

牛粪贮存的具体要求如下。

第一,应设专门的贮存设施,位置必须远离各类功能地表水体,距离不得小于400米,并设在养牛场生产区及生活管理区的常年主导风向的下风向或侧风向处。

第二,贮存设施应采取有效的防渗处理工艺,防止粪便污染地下水。

第三,贮存设施应设置顶盖,防止降雨(水)进入。

(二)牛粪贮存设施

牛粪贮存设施的形式因粪便的含水量而异。

1. 固态和半固态粪便 可直接运至粪便处理场进行处理,使贮存、处理合二为一,不必单独贮存。如果固态粪便需要单独贮存,其贮存设施包括用于堆粪的水泥地面和堆积墙。堆粪地面向着墙稍稍倾斜,其坡度为1:50,墙高1.5米左右,墙角有排水沟,粪内液体和雨水可以从此处排入粪水池。堆积和取粪可用人工操作,也可借助于装载机。

2. 液态和半液态粪便 一般要先在贮粪池中贮存,然后再进行处理,贮粪池有地下和地上两种形式。

(1)地下贮粪池 在地势较低的条件下,适合建地下贮粪池。地下贮粪池是一个敞开的结构,侧边坡度为1:2~1:3,为防渗,要用混凝土砌成,池底应在地下水位的60厘米以上。如需利用机械清理底层,应设1:10的混凝土坡道,以便清理车辆进入。

(2)地上贮粪池 在地势平坦的场区,适合建地上贮粪池。地上贮粪池用砖砌成,用水泥抹面防渗。通常在贮粪池旁建一个小的贮粪坑,牛舍排出的粪液由管道输送到贮粪坑,再由排污泵泵入贮粪池。为使粪便处理后得到均质的粪便,在贮粪池中还应有搅拌和供排出用的排污泵。

第六章 防疫消毒设施与设备

消毒是为了杀灭传播媒介上的病原微生物,使其达到无害化要求,将病原微生物消灭于畜禽体外,切断传染病的传播途径。

一、消毒分类

(一)预防性消毒

预防性消毒,即日常消毒,是指根据生产的需要采用各种消毒方法在生产区和牛群中进行消毒。主要包括:①定期对栏舍、道路、牛群的消毒,定期向消毒池内投放消毒药等;②人员、车辆出入生产区的消毒等;③饲料、饮水乃至空气的消毒;④医疗器械的消毒,如注射器等。

(二)随时消毒

牛群中个别牛发生一般性疫病或突然死亡时,应立即对其所在栏舍进行局部强化消毒,包括对发病或死亡牛的消毒及无害化处理。

(三)终末大消毒

终末大消毒,采用多种消毒方法对全场进行全方位的彻底清理与消毒,主要用于全进全出系统中空栏后、烈性传染病流行初期以及疫病平息后准备解除封锁前的消毒。

二、常用消毒方式

(一)人员消毒

牛场工作人员进入生产区应及时更换衣服,紫外线消毒3～5分钟,工作服不应穿出场外。尽量避免外人参观生产区,必须参观时,参观者应彻底消毒、更换场区工作服和工作鞋。工作服和工作鞋要定期用0.1%新洁尔灭溶液进行消毒。喷雾消毒和洗手应用0.2%～0.3%过氧乙酸药液或其他有效药液,每天更换1次。

(二)牛场环境消毒

牛舍周围每周用2%氢氧化钠或生石灰消毒1次,牛场周围、场内污水池、下水道等每月用漂白粉消毒1次。在大门口和牛舍入口设消毒池,使用2%氢氧化钠溶液消毒,原则上每天更换1次。

(三)牛舍消毒

每年春、秋两季用0.1%～0.3%过氧乙酸或1.5%～2%氢氧化钠溶液对牛舍、运动场进行一次全面喷雾消毒或撒石灰消毒,牛床和饲槽每月用0.1%～0.3%过氧乙酸溶液消毒1～2次。

(四)用具消毒

要定期对饲喂用具、饲槽和饲料车等进行消毒,可用0.1%新洁尔灭或0.2%～0.5%过氧乙酸溶液消毒;日常用具、兽医器械、配种器械等在使用前后也要彻底清洗和消毒。

(五)带牛环境消毒

定期用0.1%新洁尔灭、0.3%过氧乙酸或0.1%次氯酸钠溶液进行带牛环境消毒,既可消灭牛体表、枷杠和饲槽表面的微生物,又可避免牛只间微生物的传播,这种消毒方式对散放饲养方式较适合。带牛环境消毒可减少牛只间或牛与圈舍间的相互污染。

(六)牛体消毒

在进行助产、配种、注射及其他任何接触牛的操作前,先对相关部位进行消毒。

1. 助产前消毒 用 0.1%～0.2% 高锰酸钾溶液或 1%～2% 来苏儿冲洗母牛外阴部和臀部附近。

2. 配种前消毒 使用 0.1% 新洁尔灭或 0.5% 高锰酸钾溶液对参配母牛的外阴部进行清洗消毒。

3. 注射前消毒 在牛只注射部位先用 2%～3% 碘酊消毒,再用 75% 酒精脱碘。

(七)粪便处理

牛粪采取堆积发酵处理,堆积处每周用 2%～4% 氢氧化钠溶液消毒一次。

三、消毒方法

(一)机械性消毒

主要是通过清扫、洗刷、通风、过滤等机械方法消除病原体,是一种普通又常用的方法,但不能达到彻底消毒的目的,作为一种辅助方法,须与其他消毒方法配合进行。

(二)物理消毒法

采用阳光、紫外线、干燥、高温等方法杀灭细菌和病毒。

(1)日光消毒 运载肉牛的车辆等经机械消毒后放在日光下

暴晒消毒。有条件的肉牛饲养圈舍也可用日光暴晒消毒,夏季暴晒1小时以上。

(2)紫外线消毒　肉牛场的疫病诊断室、无菌操作室、手术室等和肉牛体表用紫外线灯光消毒30分钟以上。

(3)焚烧消毒　把被肉牛疫病污染的垫草、粪便等和肉牛尸体一起焚烧。

(4)干热消毒　把给肉牛诊断用的玻璃器皿放入干燥箱中在150℃～169℃的温度下进行1～2个小时的干燥消毒。

(三)化学消毒法

是用化学药物杀灭病原体的方法,在防疫工作中最为常用。选用消毒药应考虑以下几点:①杀菌广谱、有效浓度低、作用快、效果好;②对人、畜无害,性质稳定,易溶于水,不易受有机物和其他理化因素影响;③使用方便,价廉,易于推广;④无味、无臭、不损坏被消毒物品;⑤使用后残留量少或副作用小。

化学消毒法的主要消毒药有以下几种:①酚类消毒药,包括石炭酸、来苏儿等;②醛类消毒药,包括甲醛溶液、戊二醛等;③碱类消毒药,包括氢氧化钠、生石灰(氧化钙)、草木灰水等;④含氯消毒药,包括漂白粉、次氯酸钙、二氯异氰尿酸钠、氯胺等;⑤过氧化物消毒药,包括过氧化氢、过氧乙酸、高锰酸钾、臭氧等;⑥季铵盐类消毒药,包括新洁尔灭、洗必泰、消毒净等。

四、消毒设施和设备

(一)消毒设施

主要包括生产区大门的大型消毒池、人员进入生产区的更衣消毒室及消毒通道、粪污发酵场、发酵池等。

1.消毒池和消毒室　在肉牛场大门口和人员进入饲养区的

107

通道口,分别修建供车辆和人员进行消毒的消毒池和消毒室。

(1)消毒池　车辆消毒池的宽度应大于大卡车车轮间距,一般与路等宽,长度一般为车轮周长的 1.5～2.5 倍。小型消毒池一般长 3.8 米、宽 3 米、深 0.1 米;大型消毒池一般长 7 米、宽 6 米、深 0.3 米。池底应低于路面,呈坡面,坚固耐用,不渗水。消毒池内可添加 2% 氢氧化钠溶液,规模较大的牛场最好每天换一次消毒液,规模较小的牛场可每周换一次。供人用消毒池,采用踏脚垫浸湿药液放入池内进行消毒的方法,参考尺寸为长 2.8 米、宽 1.4 米、深 0.1 米(图 6-1)。

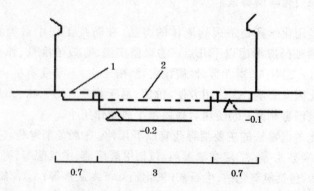

图 6-1　消毒池尺寸　(单位:米)
1. 人踏消毒池　2. 车辆消毒池

(2)消毒室　大小可根据外来人员的数量设置,一般为串联的两个小间,其中一个为消毒室,内设小型消毒池和紫外线灯;另一个为更衣室。消毒池内可直接添加消毒液和铺设消毒垫。消毒垫一般用海绵垫、棕垫或化纤地毯等,使用时以有少量药液渗出为好。在消毒室设紫外线杀菌灯,每平方米功率不少于 1 瓦,紫外线照射的安全时间为 3～5 分钟,紫外线杀菌灯的一过式(不停留)照射达不到消毒目的。

（3）超声波雾化人员消毒通道　近年来,一些养牛场开始在消毒室内设置超声波雾化人员消毒通道,这种消毒通道的工作原理是:当人员进入喷雾消毒通道,感应开关自动探测到移动的人后,控制系统即时自动向喷雾消毒主机输出喷雾指令,人离开感应区后控制系统向自动喷雾消毒主机输出关闭指令,完全自动操作并且具有强制性,只要经过喷雾通道,系统就会自动喷雾。消毒系统采用自动加药器自动加药,自动加药器串联于供水管道上,养牛场可根据自己的需要设定消毒液和水的比例。人员消毒通道的喷嘴可安装在天花板下垂直喷雾,也可安装在墙面上水平喷雾,还可安装在地面 45°角喷雾。

2. 隔离舍　用于观察和治疗病牛,建在牛场的下风向和低洼处,并铺设水泥地面,墙裙也应用水泥抹至 1.5 米以上高度,以便消毒。

(二)消毒设备

肉牛场主要消毒设备是消毒喷雾器,种类有手提式、背负式、车载式、机动式等,常用的是背负式和机动式(图 6-2,图 6-3)。

图 6-2　背负式喷雾器

图 6-3　机动式喷雾器

1. 背负式喷雾器

(1)使用

①安装　按照使用说明书将各部件组装,安装时注意各部分的安装位置。塑料喷雾器各连接部位不要旋得过紧,以免破裂。

②试喷　在液桶内加少量清水,打气到一定压力试喷,检查各连接处是否漏气、漏水,喷雾是否正常。

③装样液　将配好的样液过滤后倒入桶内,样液不能超过标准线,以保持桶内有一定的空间贮存压缩气体。

④打气　抓好泵体并旋紧盖子至不漏气、不漏水时即可打气。有的喷雾器压力达到一定程度时自动排气,没有排气设备的则气压不宜太足。

⑤喷雾　雾滴大小与压力强度有关。可根据杀灭对象和环境调节喷头进行喷洒。

(2)维护保养

第一,作业完毕,应将桶内余气放掉,药液放出,桶内及打气筒应用清水清洗,并打气喷雾清洗软管、喷杆和喷头。

第二,清除并抹干喷雾器表面的灰尘、污物、药液和水。

第三,放置在阴凉、干燥且通风的地方。

2. 机动式喷雾器

(1)使用

①启动前的准备　检查各部位安装是否正确、牢固,检查油路系统是否通畅。

②启动　在油箱内加入按规定配制并经沉淀过滤的混合油(首次或夏季使用,汽油与机油的比例为 15∶1),打开燃料油门开关,启动拉线门开关至 1/3～1/2 位置,适当调节阻风门(冷机及新机应关闭 2/3,热机可全开),按压加油针直至出油,启动拉绳,将启动轮向上缓拉 3～5 次使混合油进入气箱,最后迅速拉动集合启动,启动后将主风门打开。

③试喷　确认发动机及风门正常运转之后应先加清水试喷，检查各连接处有无渗漏，喷门和各个部位工作是否正常。

④喷雾操作　将药液加入药箱内，药液不要太满，盖上盖子。加药液时，可使发动机低速运转。将机器背在背上，适当调整发动机油门，使其达到额定转速并稳定工作。打开喷液开关，药液呈雾状喷出。

（2）维护保养　每日工作结束后，应将箱内残存的药液倒出，用清水洗刷药桶和管道，清理机器表面的尘土和浊污，检查各连接处有无漏水、漏油，各部位零件、螺丝有无松动。机器应放置在干燥、通风、清洁的地方，避免日晒和高温。

五、消毒程序

根据消毒种类、对象、气温、疫病流行的规律，将多种消毒方法科学合理地加以组合而进行的消毒过程称为消毒程序。

牛群在全进全出饲养模式下，牛群出栏后的消毒程序为：清扫→喷洒消毒剂→干燥→喷洒消毒剂→转入牛群。消毒程序还应根据自身生产方式、主要存在的疫病、消毒剂和消毒设备设施种类等因素因地制宜，有条件的牛场应对生产环节中的关键部位（牛舍）的消毒效果进行检测。

六、消毒制度

按照生产日程、消毒程序的要求，将各种消毒方法制度化，明确消毒工作的管理者和执行人，使用消毒剂的种类、浓度、方法及消毒间隔时间、消毒剂的轮换使用，详细规定消毒设施的管理等。

第七章 肉牛养殖主推技术

一、母牛人工授精技术

人工授精是指借助专门器械,用人工方法,适时而准确地把经解冻后恢复活力的冷冻精液输送到发情母牛的子宫内,使其受胎的繁殖技术。人工授精作为现代动物繁殖技术,在畜牧业生产中显现出了很多优点和应用价值,除了能提高优秀种公牛的配种效能,扩大配种母牛的头数的优点外,还有利于保证配种计划实施和提供完整的配种记录,降低饲养管理费用,提高母牛受胎率。

(一)母牛初配时间

当母牛体成熟,即机体器官和系统已基本发育完成,可以负担妊娠和哺育犊牛任务时,就达到了适宜配种的阶段。生产实践证明,母牛体重达到成年体重的 70% 时达到体成熟,可以配种、繁殖。西门塔尔、利木赞、夏洛莱等大体型品种的改良牛一般年龄在13 月龄、体重 350 千克以上时初配。我国北方的秦川牛、鲁西牛、延边牛等黄牛品种在 13 月龄、体重 250 千克以上时即可配种,南方的皖南牛、温岭牛等中小型黄牛品种在 13 月龄、体重 150 千克以上时配种。

(二)母牛发情鉴定

1. 外部观察法 通过观察母牛的精神状态和活动状况,判断其是否发情以及发情的程度(表 7-1)。

表 7-1 母牛发情外部表现和卵泡变化

发情阶段	发情前期	发情期	发情后期
外观表现	兴奋不安、游走、追逐、爬跨其他母牛,不接受爬跨	走动频繁,不停哞叫,愿意接受其他牛爬跨,并站立不动	由兴奋逐渐转为平静,不愿接受其他牛爬跨
生殖器官变化	子宫颈口微开,有透明稀薄黏液流出	子宫颈口开张,有牵缕性强的透明黏液流出	黏液量少,浑浊,黏附在尾根部
卵泡变化	卵巢稍增大,新的卵泡发育,直径约0.5厘米	卵泡直径 1～1.5厘米,触摸有明显波动	卵泡液增多,卵泡壁变薄,有一压即破之感

2. 直肠检查法 直肠检查法是检查人员将手臂伸入母牛直肠内,隔着直肠壁触摸母牛卵巢上卵泡发育及子宫变化情况,判断母牛发情与否的一种方法。直肠检查具体步骤如下:将被检母牛引入配种架内保定,检查人员指甲剪短并磨光滑,戴上长臂的塑料手套,用水或润滑剂涂抹手套,最好在母牛的肛门处也涂抹一些洗涤剂。检查人员将手指并拢呈锥形,以缓慢旋转动作伸入母牛肛门,掏出宿粪。再将手伸入肛门,手掌展平,掌心向下,按压抚摸,在盆骨底部可摸到一前后长而圆且质地较硬的棒状物,即为子宫颈。沿子宫颈向前触摸,在正前方摸到一浅沟即为角间沟,沟的两旁为向前向下弯曲的两侧子宫角。沿着子宫角大弯下稍向外侧可摸到卵巢。这时可用食指和中指把卵巢固定,用拇指肚触摸卵巢大小、质地、形状和卵泡发育情况。操作要仔细,动作要缓慢。在直肠内触摸时要用指肚进行,不能用手指乱抓,以免损伤直肠黏膜。在母牛强力努责或肠壁扩张呈坛状时,应暂停检查,并用手揉搓按摩肛门,待肠壁松弛后再继续检查,检查完手臂应清洗、消毒,并做好检查记录。通过直肠检查母牛卵泡大小、性状、变化状态,

判断其发情的程度参见表 7-1。

(三)精液的准备

1. 精液的采集与处理

(1)精液的采集 采精是人工授精的首要环节。认真做好采精前的准备,正确掌握采精技术,科学安排采精频率,才能获得量多质优的精液。

①采精设备 采精最好有专用的采精房,要求 50~70 米²,房内有采精架或假台牛。采精应保持安静的环境,为防闲人围观,采精室最好设在僻静的位置。操作室应有两间,一间用于安装假阴道及有关器械消毒,另一间用于分装精液和检查精液品质。采精的必需设备还包括假阴道、显微镜、保温箱及必需的玻璃器皿和消毒用具。药品包括配制稀释液的化学试剂、消毒药品等。

牛用的假阴道由以下配件组成:塑胶外壳、气门塞、橡胶内胎、保定套和橡皮圈及玻璃集精杯。

②采精操作 第一步是准备台牛。发情母牛、去势公牛均可作台牛。采精前,将台牛的臀部、外阴部和尾部用清水冲洗,再用 2%来苏儿溶液擦拭消毒。第二步是准备假阴道。假阴道每次使用后应清洗干净,并用 75%酒精或紫外线灯进行消毒。玻璃及金属器械有条件的地方可用高压灭菌锅消毒。用前进行检查、安装、保温。向假阴道夹层注入热水,一般不要灌满,达到六七成即可,要求内壁温度达到 38℃~40℃。临采精前用消毒好的玻璃棒蘸取润滑油,均匀地涂到假阴道内壁上,深度均为假阴道一半稍多。假阴道充气是为了增加压力,这是根据公牛个体的习惯,在调教时不宜太高。充气太足,操作时易造成内胎滑脱、集精杯脱落等。第三步是采精。采精员站在台牛的右侧,公牛初次阴茎勃起,应进行性欲引导,即不让其立即爬跨,而是继续调教,使其空爬 1~2 次,待公牛性欲充分冲动爬上台牛时,采精员右手持假阴道以与地面

呈 30°角固定在台牛臀部,左手握住公牛包皮,将阴茎导入假阴
道,让其自然插入射精,射精后随公牛下落,让阴茎慢慢回缩,自动
脱落。并随即放低集精杯一端,并打开气门活塞,顺势竖起假阴
道。立即送到处理间收集精液。一般每头公牛准备一个采精用的
假阴道,不得混用,以保持卫生和防止疾病传染。采精不成功时,
要检查准备工作有什么不足,不能粗暴地对待公牛,以免形成恶
癖。若公牛有恶癖,多是人为的,可以慢慢调教。如果实行二次采
精方式,假 阴道应重新准备,不能原件再用。涂滑润剂的玻璃棒
必须擦净消毒,否则会污染滑润剂。

(2)精液的处理

①精液品质的检查 精液品质的检查目的,在于鉴定精液品
质的优劣以及在稀释保存过程中精液品质的变化情况,以便决定
能否用于输精或冷冻。精液品质检查项目主要有外观、精液量、精
子活率、精子密度和畸形精子率。

牛精液正常颜色为乳白色或乳黄色。精液量一般为 5～8 毫
升。刚采出的牛精液密度大,精子运动翻滚如云,俗称"云雾状"。
云雾状越显著,表明牛精子活率、密度越好。

评定精子活率有评分法,用直线前进运动的精子数占总精子
数的百分比来表示。方法是:在 38℃～40℃ 条件下,用玻璃棒蘸
取 1 滴精液,滴在载璃片上加盖片,用 400 倍显微镜进行观察。全
部直线运动的评为 1,90% 精子做直线运动的为 0.9,活率在 0.3
以上方可用于输精。

②精液的稀释 精液稀释的目的主要有三:一是扩大精液量,
能输配更多的母牛;二是延长精子的存活时间;三是便于保存和运
输精液。一般精液应在镜检后尽快稀释。稀释前应将稀释液和被
稀释液的精液做等温处理(30℃左右),然后将稀释液沿杯壁缓缓
倒入精液杯中。稀释后还应取 1 滴精液再检查活率情况,以验证
稀释液是否有问题。生产实践中,一般对公牛的精液稀释 10～40

倍,使每毫升精液中含活精子数 2 000 万~5 000 万个。

2. 精液的冷冻保存与解冻

(1)精液的冷冻保存 冷冻精液是指将采集的新鲜精液,经一定特殊处理,利用－196℃液态氮或其他制冷冷源如干冰(－79℃)等将新鲜精液冻结成固态。冷冻精液在超低温(－79℃～－196℃)下可长期保存。冷冻精液的最大优点是可长期保存,远距离运输,从而使精液的使用不受时间、地域以及种公牛寿命长短的限制。可充分提高优良公牛的利用率,对家畜的繁殖、保种、引种、育种及畜牧生产的发展均具有重要意义。牛的冷冻精液和新鲜精液的受胎率无多大差别,因此使用牛冷冻精液已逐渐取代新鲜精液。

冷冻精液的制作原理,是利用精子具有受温度变化直接影响本身活动力和代谢能力的生物学特性。将精液冷冻后,保存在超低温下,精子代谢活动受到完全抑制,能量消耗停止,处于生命静止状态,从而可能长期保存下来。一旦升温,精子又能复苏并保持其原来的受精能力。

一般牛的冷冻精液存于添加液氮的液氮罐内保存和运输。液氮罐是根据液氮的性质和低温物理学原理设计的,类似暖水瓶,是双层金属(铅或不锈钢)壁结构,高真空绝热的容器,内充有液氮。液氮比空气轻,温度为－195.8℃,无色无味,易流动,可阻燃,易气化,在室温下会出现爆沸现象,与空气中的水分接触形成白雾,迅速剧胀。液氮罐要放置在干燥、避光、通风的室内,不能倾斜,更不能倒伏,要精心保护,随时检查,严防碰撞坏容器的事故发生。

将抽样检验合格的各种剂型的冷冻精液,分别包装妥善并做好标记(家畜品种、种畜号、冻精日期、剂型、数量等),置入具有超低温的冷源液氮内长期保存备用。在保存过程中,必须坚持保存温度恒定不变、精液品质不变的原则,以达到冷冻精液长期保存的目的。冻精取放时动作要迅速,每次控制在 5～10 秒,应及时盖好容器塞,以防液氮蒸发或异物进入。冷冻精液的运输应由专人负责,采用充满液氮的容器来运输,其容器外围应包上保护外套,装卸时要小心轻拿轻放,装在车上要安放平稳并拴牢。运输过程中不要强烈震动,防止暴晒,长途运输中要及时补充液氮,以免损坏容器和影响精液质量。

(2)冷冻精液的解冻 解冻是利用冷冻精液的一个重要环节。解冻的基本要求是快速通过有害温区($-30℃\sim10℃$),因此解冻多利用40℃左右的温水解冻。

①颗粒冷冻精液的解冻 将1毫升解冻液(2.9%二水柠檬酸钠溶液或经过消毒的鲜牛奶、脱脂奶)置入试管中,在40℃水浴中加温,从液氮中迅速取出1粒冻精,立即投入试管中,充分摇动,使之快速融化。将解冻精液吸入输精器中待用。

②细管冷冻精液的解冻 把水温控制在40℃,从液氮罐中迅速取出细管精液立即投入水中使之快速解冻,剪去细管封口,再装入输精枪中待用。

③安瓿冷冻精液的解冻 可在烧杯中放入40℃～41℃的温水,将安瓿投入其中,不断搅动,使之融化,安瓿内精液大部分融化后即可取出待用。

解冻后如有条件,最好检查一下精子的活率。冷冻精液的精子活率都不能低于0.3。颗粒精液的输量为1毫升。细管精液有两种规格,一种是0.5毫升,另一种是0.25毫升。只要按技术规程保存和解冻精液,一般都能够达到输精对精液质量的要求。冷冻精液宜现用现解冻,立即输精,最长不超过2小时。其中细管冻精应在1小时之内使用,颗粒冻精应在2小时以内,此时受胎率可达75%～80%,存放12小时受胎率会下降到60%以下,24小时后降低到50%。使用解冻12小时以后的精液,胚胎的早期死亡率上升,大多数的死亡发生在受胎后90天之内。

(四)人工授精

1. 器械消毒　输精枪等金属器械应使用电热干燥箱消毒，120℃恒温 1 小时，自然冷却后使用，或用 75％酒精棉球擦拭消毒，待酒精挥发后使用。

一次性输精外套等塑料用品应使用紫外线灯消毒。置于紫外线灯下 60 厘米处，照射 0.5～1 小时。

2. 冷冻精液解冻　具体方法见 117 页。

3. 输精器械的使用　剪去细管精液封口，剪口断面整齐；后推输精枪推杆，将剪开的细管冻精迅速装入输精器械内；输精枪装入一次性塑料外套管内，将输精枪后部拧紧。

4. 输精时间　母牛表现出典型的发情征状后12～18 小时进行输精。如采用两次输精，其间隔时间为 8～12 小时。输精人员应掌握以下规律：母牛在早晨接受爬跨，应在当天下午输精，若次日早晨仍接受爬跨应再输精 1 次；母牛下午或傍晚接受爬跨，可推迟到次日早晨输精。对输精 3～6 周的母牛应继续观察，发现返情，应及时再输精，以避免时间和经济浪费。

5. 牛体准备　将待输精母牛保定，尾巴拉向一侧。输精前应排除母牛积粪，用 0.1％高锰酸钾溶液冲洗外阴，用纸巾擦干。

6. 输精方法　输精人员一只手戴塑料长臂手套，在直肠内触摸并平握子宫颈前端，手臂往下按压使阴门张开，另一只手把准备好的输精器自阴门向斜上方 45°送到子宫颈外口，两手互相配合，使输精器越过子宫颈皱襞，达到子宫体，将精液缓慢注入子宫体内。输精要点：慢插、轻注、缓出，防止精液逆流。

(五)母牛妊娠诊断及记录

1. 诊断方法

(1)外部观察法　母牛妊娠后，正常的发情周期停止。表现为:性情温驯,食欲增加,被毛光泽。妊娠后期,腹围增大,腹壁右侧突出,可触摸或观察到胎动。

(2)直肠检查法 对受精后两个以上发情周期未出现发情征状的牛,根据直肠触摸子宫体大小、变化判断是否妊娠。母牛妊娠2个月,孕角比空角粗约2倍,子宫壁薄,波动明显。妊娠3个月,孕角直径12~16厘米,波动感明显,子宫开始沉入腹腔。

(3)超声波诊断法 应用B超诊断仪检查母牛的子宫及胎儿、胎动等情况。

2. 妊娠记录 记录内容包括:母牛牛号、胎次、发情时间、授精时间、与配公牛号、妊娠情况、预产期等信息。

(六)繁殖指标计算方法

母牛繁殖指标包括:第一情期受胎率、情期受胎率、总受胎率、繁殖率、繁殖成活率和平均产犊间隔,计算方法如下。

1. 第一情期受胎率

$$第一情期受胎率 = \frac{第一情期受胎母牛数}{第一情期配种母牛数} \times 100\%$$

2. 情期受胎率

$$情期受胎率 = \frac{受胎母牛总数}{配种总情期数} \times 100\%$$

3. 总受胎率

$$总受胎率 = \frac{年内受胎母牛总数}{年内配种母牛总数} \times 100\%$$

4. 繁殖率

$$繁殖率 = \frac{年内出生犊牛总数}{年初适繁母牛数} \times 100\%$$

5. 繁殖成活率

$$繁殖成活率 = \frac{年内断奶成活犊牛总数}{年初适繁母牛数} \times 100\%$$

6. 平均产犊间隔

$$平均产犊间隔 = \frac{个体产犊间隔总天数}{产犊母牛数} \times 100\%$$

二、妊娠母牛饲养管理技术

母牛的妊娠期是指从最后一次配种到胎儿出生日为止的天数。肉用母牛的妊娠期一般为 270～290 天,平均为 280 天,妊娠期分为妊娠前期、妊娠中期和妊娠后期。妊娠期母牛饲养管理的好坏,不仅决定着母牛和犊牛的健康,还关系到母牛的下一次繁殖怀胎以及犊牛发育的快慢。因此,妊娠母牛饲养要以促进胎儿的发育、降低死胎率、提高产犊率为目的,进行科学的饲养管理。

(一)饲养要点

妊娠期母牛的饲养要点是保证母牛的营养需要和做好保胎工作。妊娠后期胎儿生长发育迅速,母牛动用体内贮藏的养分供给胎儿生长发育。如果孕期营养不足,母牛产后体况较差,产奶不足,直接影响到产后 1～2 月龄犊牛的增重速度。

1. 妊娠前期　妊娠前期(妊娠 0～3 个月)胎儿生长发育缓慢,其营养需要较少,主要以母体生长发育为主。此时母牛营养需要量不大,不必为母牛额外增加营养,保证中上等膘情即可,不可过肥。营养的补充应以优质青粗饲料为主,适当搭配少量精料。要保证维生素(预混料)及微量元素(舔砖)的供给。

2. 妊娠中期　妊娠中期(妊娠 4～6 个月)胎儿增重加快,此期的重点是保证胎儿发育所需要的营养。可适当补充营养,但要防止母牛过肥,所以此期应适当增加精料喂量,多给蛋白质含量高的饲料,可每天补喂 1~2 千克精料。

3. 妊娠后期 妊娠后期(妊娠 7 个月至分娩)胎儿生长发育速度快,营养需要多。为了保证胎儿的正常生长和母体营养的储备,除供应平常的日粮外,还需要每日补加精饲料,但日粮饲喂量不能过多,避免胎儿过大,影响产犊。要注意补充维生素 A、钙、磷等维生素和微量元素。粗饲料以优质青贮、青干草为主,精饲料要营养全价,维生素、矿物质含量高。每天补充精饲料 2~3 千克,粗饲料要占 70%~75%,精饲料占 30%~25%。

妊娠母牛以放牧为主时,青草季节应尽量延长放牧时间,一般可不补饲。枯草季节,根据牧草质量和母牛的营养需要确定补饲饲草料的种类和数量,特别是妊娠后期,如果这时正值枯草季,应重点进行维生素 A 的补饲,否则会引起犊牛发育不良,体质衰弱,母牛产奶量不足。在冬季每头妊娠母牛每天应补饲 0.5~1 千克胡萝卜,另外根据母牛对蛋白质、能量饲料及矿物质的需要,每头妊娠母牛每天补饲 2~3 千克精料。

(二)管理要点

母牛妊娠期的管理要点主要是做好妊娠母牛保胎工作,保证胎儿正常发育和安全分娩,防止妊娠母牛流产。

第一,日粮要以优质青粗饲料为主,以放牧为主时,适当搭配精料。妊娠母牛不宜饲喂棉籽饼、菜籽饼、酒糟等饲料。不能喂冰冻、发霉、腐败的饲草、饲料。保证饮水充足、清洁、适温,饮水温度不低于 10℃。

第二,实行分群饲养管理,将妊娠母牛与空怀母牛分开饲养。

第三,在饲养条件较好时,注意适当运动,保证母牛体质良好,利于分娩。在圈舍运动场或放牧时要防止驱赶、跑、跳运动,防止相互顶撞和在湿滑的路面行走,以免造成机械性流产。临近产期的母牛应停止放牧,给予营养丰富、品质优良、易于消化的饲料。

第四,妊娠母牛如有使役任务,在妊娠前期和妊娠中期可适当使役,但使役强度不宜过大,临产前1个月必须停止使役。

第五,对妊娠母牛必须满足其营养需要,加强饲养管理,对患有习惯性流产的母牛,服用白术安胎散、保胎无忧散等安胎中药,或注射黄体酮等药物。

第六,从妊娠第五或第六个月开始到分娩前1个月为止,每日用温水清洗并按摩乳房1次,每次3~5分钟,以促进乳腺发育,为以后哺乳打下良好基础。

第七,注意保持牛体和圈舍清洁卫生,定期消毒。圈舍环境应保持干燥、清洁,注意防暑降温和防寒保暖。

第八,计算好预产期,产前2周转入产房。产房要求清洁、干燥、宽敞,每只母牛占用面积10~15米^2。保持环境安静。夏季要防暑,冬季要防寒。在母牛进入产房前用2%氢氧化钠水喷洒消毒,地面铺上清洁、干燥、卫生(日光晒过)的柔软垫草,厚度达到10~15厘米。

第九,母牛分娩后,应喂给温热的麸皮盐水,可以补充母牛体液损失及恢复体力,调节体内酸碱平衡,冬季还可以暖腹充饥。

(三)妊娠期母牛典型日粮配方

妊娠母牛营养不足,不仅影响本身的生长发育,而且犊牛初生重小、生长慢、成活率低。因此,对妊娠母牛必须科学饲养,满足其对各种营养物质的需要。同时,也要避免营养水平过高,体况过肥。按照妊娠母牛营养需要,结合实践应用情况,为养牛户推荐以下日粮配方,供参考。

配方1 精饲料,玉米60%、胡麻饼18%、麸皮19%、预混料2%、食盐1%。粗饲料,玉米青贮及干草、苜蓿干草。

应用地点:宁夏固原市原州区头营镇石羊村。

妊娠前、中期(0～6月):粗饲料14千克/头·日,其中玉米青贮及干草12千克、苜蓿2千克;精饲料1千克/头·日。

妊娠后期(产前3个月):粗饲料14千克/头·日,其中玉米青贮及干草12千克、苜蓿2千克;精饲料2千克/头·日。

配方2 精饲料,玉米60%、麸皮10%、专用浓缩料30%。粗饲料,稻草青贮,小麦秸,玉米秸。

应用地点:宁夏银川市西夏区鑫荣种养殖合作社。

妊娠前、中期(0～6月):粗饲料15千克/头·日,其中稻草青贮8千克,小麦秸3千克,玉米秸4千克;精饲料1.5～2千克/头·日。

妊娠后期(产前3个月):粗饲料16千克/头·日,其中稻草青贮10千克,小麦秸3千克,玉米秸3千克;精饲料,2.5千克/头·日。

配方3 精饲料,玉米70%、麸皮8%、菜粕7%、棉粕3%、次粉7%、预混料5%。粗饲料,玉米秸秆黄贮、玉米青贮、稻草。

应用地点:宁夏中卫阜华肉牛羊繁育示范基地。

妊娠前、中期(0～6月):粗饲料22千克/头·日,其中玉米秸秆黄贮13千克、玉米青贮7千克、稻草2千克,精饲料1千克/头·日。

妊娠后期(产前3个月):粗饲料24千克/头·日,其中玉米秸秆黄贮11.5千克、玉米青贮10.5千克、稻草2千克,精饲料2.5千克/头·日。

配方4 精饲料,玉米46%、麸皮12%、大麦11%、玉米皮11%、棉粕15%、预混料5%。粗饲料,玉米青贮、小麦秸。

应用地点:甘肃省张掖市万禾草畜产业科技开发有限责任公司。

妊娠前、中期(0～6月):粗饲料20千克/头·日,其中玉米青贮15.5千克、麦秸4.5千克;精饲料0.5千克/头·日。

妊娠后期(产前3个月):粗饲料20.5千克/头·日,其中玉米青贮 18 千克、麦秸 2.5 千克;精饲料 2 千克/头·日。

配方 5　精饲料,玉米 60%、胡麻饼 20%、麸皮 16.5%、预混料 2%、食盐 1%、石粉 0.5%。粗饲料,玉米秸秆黄贮、苜蓿干草。

应用地点:宁夏固原市原州区头营镇富源肉牛养殖合作社。

妊娠前、中期(0~6 月):粗饲料 13 千克/头·日,其中玉米秸秆黄贮 12 千克、苜蓿干草 1 千克;精饲料 1.5 千克/头·日。

妊娠后期(产前 3 个月):粗饲料 13 千克/头·日,其中玉米秸秆黄贮 12 千克、苜蓿干草 1 千克;精饲料 3 千克/头·日。

三、哺乳母牛饲养管理技术

母牛分娩后的一段时期,其主要任务是泌乳,满足犊牛需要。对哺乳母牛的饲养管理要求是:有足够的泌乳量以满足犊牛生长发育的需要,提高哺乳期犊牛的日增重和断奶体重。母牛在哺乳期能量饲料的需要比妊娠期高 50%,蛋白质、钙、磷需要量加倍。加强母牛产后护理,应用母牛分阶段饲养管理、犊牛早期断奶补饲和繁殖技术,科学控制母牛营养供给、合理调控母牛体况,及时监控母牛生殖系统健康,缓解应激、营养、带犊哺乳等因素对母牛繁殖性能的不利影响,可促进母牛产后体况恢复和犊牛生长发育,使母牛及早发情配种,降低饲养成本。

(一)产后护理

母牛分娩过程体能消耗很大,分娩后应及时补充水分和营养。正常分娩的母牛经适当休息后,应立即让其站立行走,并饲喂或灌服 10~15 升温热的麸皮盐水(温水 10~15 升、麸皮 1 千克、食盐 50 克),或益母生化散 500 克加温水 10 升。

母牛产后要注意观察和护理,具体操作如下。

(1)刚分娩后　观察母牛是否有异常出血,如发现持续、大量出血,应及时检查出血原因,并进行治疗。临床上发生产后大出血的大多是初产牛,出血原因可能是母牛过肥、胎儿太大或助产方法不当致使产道损伤。止血的关键是找准出血部位,可以采用压迫止血法。具体方法是:将脱脂纱布绕成圆柱状(比产道略粗),用止血敏(或肾上腺素)20支淋于纱布表面,然后用手将纱布压迫在创面上,保持10~20分钟。如出血减慢或停止可将手退出,止血纱布保持12~24小时后取出。若损伤部位在阴门和阴道前庭,可采取止血钳或缝合方法止血。要采取局部清创和全身治疗相结合的综合治疗措施,防止感染。

(2)分娩后12小时 检查胎衣排出情况,如果12小时内胎衣未完全排出,应按照胎衣不下进行治疗。母牛产后胎衣不下的主要原因有:妊娠后期缺乏适当运动,长期舍饲;缺乏钙、食盐、维生素矿物质及其他微量元素;母牛气血虚弱、子宫弛缓收缩无力;早产等。治疗方法是:肌内注射垂体后叶素100单位或麦角新碱10~20毫克;口服益母生化散300~400克,每天1次,连用3天;子宫一次注入与母牛体温相近的10%氯化钠溶液1000毫升,促使胎盘绒毛脱水收缩,使胎衣脱落。如在24小时以后仍未排出的,要采取措施进行手术剥离。

(3)分娩后7~10天 观察母牛恶露排出情况,如果发现恶露颜色、气味异常,应按照子宫感染及时进行治疗。子宫内膜炎根据病情的急缓和临床症状的轻重,分为急性型、脓毒血症型、慢性型和隐性型4种。常用治疗方法:①用青霉素80万单位,链霉素100万单位,生理盐水10毫升冲洗子宫。用直肠把握输精法将药物注入子宫腔,同时轻轻按摩子宫,使药物与子宫充分接触,每日1次,连用4~6次。②用生理盐水500毫升加温至38℃~40℃,冲洗子宫,然后用输精器吸取鱼腥草注射液20毫升,采用直肠把握输精方法一次输入子宫腔,每日1次,连用3次。③对急性、脓毒血症、慢性化脓性子宫内膜炎,在采用上述方法冲洗子宫的同时,应用宫糜灵(复方红花丹参溶液)30毫升子宫内灌注,每日1次;再配合深部肌内注射奇林多效粉针(酒石酸泰乐菌素),用注射用水稀释,每100千克体重1瓶(2克/瓶),每日1次,直至痊愈为止。

(二)产后饲养管理

哺乳期是母牛哺育犊牛、恢复体况、发情配种的重要时期,不但要满足犊牛生长发育的营养需要,而且要保证母牛中上等膘情。此期应根据母牛产乳量变化和体况恢复情况,及时调整日粮饲喂量。根据泌乳规律,可分为泌乳初期、盛期、中期和后期。

1. 泌乳初期 指母牛产后15天内的阶段,是母牛的身体恢复期。母牛分娩后最初几天,身体虚弱,消化功能差,要限制精饲料及根茎类饲料的喂量。分娩后2~3天,日粮以易消化的优质干草和青贮饲料为主,补充少量混合精饲料,精饲料蛋白质含量要达到12%~14%,富含必需的矿物质、微量元素和维生素。每日饲喂精饲料1.5千克、青贮4~5千克、优质干草2千克。分娩4天后,逐步增加精饲料和青贮饲料饲喂量。同时,注意观察母牛采食量,并依据采食量变化调整日粮饲喂量。

2. 泌乳盛期 指母牛产后16天至2个月的时期,是母牛产奶量最多的阶段。母牛身体逐渐恢复,泌乳量快速上升,此阶段要增加日粮饲喂量,并补充矿物质、微量元素和维生素。每天饲喂精饲料3~3.5千克、青贮10~12千克、优质干草1~2千克。日粮干物质采食量9~10千克,粗蛋白质含量10%~12%。日粮精粗比例控制在50∶50左右。

3. 泌乳中期 指母牛产后2~3个月的时期。此期母牛泌乳量开始下降,采食量达到高峰。应增加粗饲料喂量,减少精饲料喂量,每天饲喂精饲料2.5千克左右,日粮精粗比例控制在40∶60左右。

4. 泌乳后期 指母牛产后3个月至犊牛断奶的时期。这个阶段应多供给优质粗饲料,适当补充精料,为了保证母牛有中上等膘情,每天精饲料喂量应不少于 2 千克。如果有苜蓿干草或青绿饲料,可适当减少精饲料喂量。日粮精粗比例控制在 30:70 左右。

(三)母牛早期配种

营养良好的母牛一般在产后 40 天左右会出现首次发情,产后 90 天内会出现 2～3 次发情。应尽量让牛适当运动,便于观察发情。如果母牛舍饲拴系饲养,应注意观察母牛的异常行为,如吼叫、兴奋、采食不规律和阴门有无黏液等。

母牛分娩 40 天后,进行生殖系统检查。对子宫、卵巢正常的母牛肌内注射复合维生素(ADE),使用促性腺激素释放激素和氯前列烯醇,进行人工诱导发情。应用人工授精技术,采用早、晚两次输精的方法进行配种。

(四)哺乳期母牛典型日粮配方

配方 1(西门塔尔母牛) 精饲料,玉米 47.5%、麸皮 13%、棉籽粕 13.5%、菜籽粕 11%、酒糟蛋白饲料(DDGS)10%、预混料 5%。粗饲料:全株玉米青贮、麦秸。

应用地点:甘肃省张掖市万禾草畜产业科技开发有限责任公司。

饲喂量:粗饲料 18 千克/头·日,其中全株玉米青贮 16 千克、麦秸 2 千克;精饲料 2.5 千克/头·日。

配方 2(西门塔尔母牛) 精饲料,玉米 60%、麸皮 10%、浓缩 30%。粗饲料,全株玉米青贮、玉米秸秆黄贮。

应用地点:宁夏中卫阜华肉牛养殖有限公司。

饲喂量:粗饲料 15 千克/头·日,其中全株玉米青贮 9 千克、玉米秸秆黄贮 6 千克;精饲料 3.5 千克/头·日。混合加工成全混合日粮(TMR)饲喂。

配方3(秦川母牛) 精饲料,玉米60%、胡麻饼20%、麸皮16.5%、预混料2%、食盐1%、石粉0.5%。粗饲料,玉米秸秆黄贮、苜蓿干草。

应用地点:宁夏固原市彭阳县古城镇兴旺肉牛养殖合作社。

饲喂量:粗饲料13千克/头·日,其中玉米秸秆黄贮12千克、苜蓿干草1千克。精饲料2~3.5千克/头·日(产后1个月,3.5千克/头·日;产后2个月,3千克/头·日;产后3~4个月,2千克/头·日)。

四、犊牛的饲养管理技术

犊牛是指从初生至3~6月龄的哺乳小牛。由于犊牛出生后的环境与出生前在母牛胎中相比发生了很大变化,另外犊牛的各种生理功能还不健全,适应外界环境的能力不强,如果饲养管理跟不上,就很容易发生疾病。因此,要做好犊牛的饲养管理工作。

在我国肉牛散养户中,犊牛出生后,一般采用跟随母牛哺乳5~6个月、自然断奶的传统饲养模式。犊牛出生后,随着日龄增加,生长发育加快,需要营养也增加,而肉用母牛产后2~3月产奶量逐渐减少,单靠母乳不能满足犊牛的营养需要。同时,母牛泌乳和犊牛直接吮吸乳头哺乳所产生的刺激,对母牛的生殖功能产生抑制作用,较大地影响了母牛发情,所以带犊哺乳的母牛在产后90~100天甚至更长的时间都不发情。实行隔栏补饲、早期断奶,可限制犊牛哺乳时间和次数,当母牛不哺乳时,犊牛因饥饿会主动采食饲料。一方面,可以及早补充犊牛所需营养,促进犊牛消化系统发育,增强消化能力,更好地适应断奶后固体饲料的采食,降低发病率。另一方面,减少了哺乳对母牛的刺激,可促进母牛恢复体况,尽早发情配种。

(一)新生犊牛护理

1. 清除口腔、鼻腔及身上黏液 犊牛在出生后,一般随母哺乳,让母牛尽快舔干新生犊牛口腔、鼻腔和身体上的黏液。

2. 断脐消毒 犊牛断脐后将残留在脐带内的血液挤干后,用5%碘酊涂抹在脐带上进行消毒,防止感染。

3. 及时、足量喂给初乳 犊牛在出生后 0.5～1 小时内应该吃上 2 升初乳,过 5～6 小时后,再让其吃上 2 升初乳。操作方法是:在犊牛能够自行站立时,让其接近母牛后躯,采食母乳。对体质较弱的可人工辅助,挤几滴母乳于洁净手指上,让犊牛吸吮手指,而后引导到母牛乳头助其吮乳。若母牛产后生病或死亡,可由同期分娩的其他健康母牛代哺初乳。

4. 防止腹泻 犊牛腹泻的发病诱因主要是初乳喂量不足;牛舍阴暗潮湿、阳光不足、通风不良;外界环境的改变,如气温骤变、寒冷、阴雨潮湿等。为了防止犊牛腹泻,应做好以下工作:一是给犊牛喂奶要做到定时、定量、定温,奶温在 30℃～35℃为宜;二是天冷时要铺厚垫料,垫料要干燥、洁净、保暖,不可使用霉变或被污染过的垫料;三是对已有腹泻症状的犊牛要隔离,及时治疗;四是保证饲料干净;五是要对环境经常进行消毒。

(二)设置犊牛栏

1. 新生犊牛栏 可在产房靠墙一侧设置犊牛保育栏,犊牛出生后 2 周内,应养在保育栏内。每头犊牛应有一个保育栏,每个长、宽、高分别设置为 1.5 米×1 米×1 米,保育栏与母牛栏间设置一个仅能让犊牛自由出入的门。保育栏使用前先用 2%氢氧化钠溶液喷洒消毒,铺垫厚度 15 厘米以上干燥柔软的垫草。使用时,保育栏内应保持 15℃～25℃的温度,冬季阳光能直射在犊牛床上。能自然通风换气,且无贼风。

2. 犊牛补饲栏设置　可在哺乳牛舍内设置限制哺乳的犊牛栏或自由哺乳的犊牛栏。犊牛2周龄后,随母牛从产房转入哺乳母牛舍或单独的犊牛栏饲养。

(1)限制哺乳的犊牛栏　在哺乳母牛舍的一侧或饲喂通道里,用竖立的栏杆或2根以上平行于地面的栏杆(圆木或钢管)将繁育母牛与犊牛隔开,围成一个小牛栏,每头犊牛占地面积2米^{2}以上为宜,保持清洁、干燥、采光良好、空气新鲜且无贼风、冬暖夏凉。设置竖立的栏杆时,栏高1.2米,间隙15厘米以内。设置平行于地面的栏杆时,最下面的栏杆高度应在犊牛膝盖以上、脖子下缘以下(距地面30～40厘米),第二根栏杆高度与犊牛背平齐(距地面70厘米左右)。犊牛栏内设置精料槽、粗料槽和水槽,在饲槽内添入优质干草(苜蓿青干草等),训练犊牛自由采食。隔栏上设置1个门。平时隔栏的门关闭,犊牛不能自由进入母牛栏。每天可定时打开门,让犊牛进入母牛栏哺乳。定时哺乳的方式适合饲养规模较小的母牛场(图7-1)。

(2)自由哺乳的犊牛栏　用1根平行于地面的栏杆将犊牛采食区与繁育母牛活动区隔开,栏杆高度以略高于犊牛背部、能阻挡繁育母牛进入犊牛栏为宜,一般高80厘米左右。犊牛可自由通过栏杆进入母牛饲养区哺乳或进入犊牛栏采食优质干草和犊牛料。自由哺乳的方式适合饲养规模较大的母牛场(图7-2)。

图7-1　限制哺乳的犊牛栏　　　**图7-2　自由哺乳的犊牛栏**

(三)早期补饲

1. 补充干草 犊牛出生后1周即可开始训练采食干草。干草应该是质地柔软、容易消化,通常选择优质苜蓿、羊草等。方法是在饲槽或草架上放置优质干草任其自由采食。尽早让犊牛采食干草,可促进瘤胃的发育,提高消化能力,减少消化疾病的发病率,同时有利于实现早期断奶。

出生后2个月以内的犊牛,饲喂铡短到2厘米以内的干草;出生2个月以后的犊牛,可直接饲喂不铡短的干草。建议饲喂混合干草时,其中苜蓿草占20%以上。2月龄犊牛可采食苜蓿干草200克/日,3月龄犊牛可采食苜蓿干草500克/日。

2. 补饲精料 犊牛2周龄左右开始训练采食精料,这段时间一般持续2周左右,然后定量饲喂。犊牛精料(开食料)应有良好适口性,粗纤维含量低而蛋白质含量较高。有条件的的可购买专用的犊牛颗粒料;或自行配制加工犊牛精料,自由采食。犊牛补饲精料的营养要求为:肉牛总可消化养分(TDN)67%~68%,粗蛋白质18%~20%,粗纤维5%,钙1%~1.2%,磷0.5%~0.8%(表7-2)。

表7-2 肉用犊牛补饲精料推荐配方 (单位:%)

原料名称	玉米	麸皮	豆粕	棉粕	食盐	磷酸氢钙	石粉	预混料
配比	48	20	15	12	1	2	1	1

3. 添加多汁饲料 犊牛可在出生后20天左右开始添加多汁饲料。将切碎的胡萝卜、甜菜等与精料拌在一起饲喂。最初每日每头20~25克,以后逐渐增加,到2月龄时每日可喂到1~1.5千克。

(四)充足饮水

犊牛在初乳期,可在两次喂奶的间隔时间内供给 36℃～37℃ 的温开水。出生 10～15 天后,改饮常温水。1 月龄后自由饮水, 但水温不应低于 15℃。饮用水质要清洁,每天饮水 3～4 次。管 理人员应每天刷洗水桶或水槽。

(五)断　奶

1. 断奶方法　可采用逐渐断奶法。具体方法是:在计划停奶 前 1 个月左右,逐渐有计划地减少母牛与犊牛在一起的时间,控制 犊牛的哺乳次数。分离时,要将母牛移开,犊牛留在原舍,这样可 减少环境改变对犊牛的影响,同时逐渐增加精料饲喂量,使犊牛在 断奶前有较好的过渡,不影响其正常生长发育。当犊牛满 4 月龄, 且连续 3 天采食精饲料 2 千克以上时,可与母牛彻底分开,实施断 奶。断奶后,停止使用颗粒饲料,逐渐增加粉状精料、优质牧草及 秸秆的饲喂量。

2. 断奶补饲方案　早期断奶采用"前期吃足奶,后期少吃奶, 多喂精、粗饲料"的方案。

(1)限制哺乳　犊牛 2 周龄后,每天定时哺乳后转入犊牛栏, 逐渐增加精饲料、优质干草饲喂量,逐步延长母牛、犊牛分离时间。 推荐的饲养方案见表 7-3。

表 7-3　肉用犊牛 4 月龄断奶推荐饲养方案

犊牛月龄	颗粒饲料 (千克)	优质干草 (千克)	粉状精饲料 (千克)	青(黄)贮	哺乳次数
1 月龄	0.1～0.2	—	—	—	每日 2 次(早、晚)
2 月龄	0.3～0.6	0.2	—	—	每日 1 次(早)

续表 7-3

犊牛月龄	颗粒饲料（千克）	优质干草（千克）	粉状精饲料（千克）	青(黄)贮	哺乳次数
3 月龄	0.6～0.8	0.5	0.5	—	隔 1 日 1 次(早)
4 月龄	0.8～1.0	1.5	1.2	—	隔 2 日 1 次(早)

（2）自由哺乳　犊牛随时可以进入母牛栏哺乳，精料、粗饲料补饲方法与限制哺乳的方案相同。

（六）去　角

犊牛出生 2～5 周应去角。常用的去角方法有电烙铁法和氢氧化钠(钾)棒法。去角后 24 小时内要防止雨水或牛奶等液体淋湿犊牛头部。

1. 电烙铁法　选择枪式去角器，去角时将犊牛保定，防止挣扎。将去角器加热至 480℃～540℃(外观变红)后，适当地套在牛角根部，使之与牛角根部充分接触，去角器停留在犊牛角根部大约 10 秒钟；也可用特制的烙铁烧红后在角的生长点处烧烙。

2. 氢氧化钠(钾)棒法　先剪去犊牛角基部周围的毛，用 5% 碘酊消毒，注射麻醉剂，四周涂抹凡士林，然后用氢氧化钠(钾)棒在剪毛处涂抹，直至有微量血丝渗出，面积 1.6 厘米^2 左右。操作时防止手被烧伤，注意涂抹时避免氢氧化钠溶液烧伤犊牛眼睛而失明。

（七）刷　拭

每日对犊牛进行 1～2 次刷拭，以促进血液循环，保持皮肤清洁，减少寄生虫孳生。

（八）运动和调教

犊牛 1 周龄后可在笼内自由运动。10 天后可让其在运动场上短时间运动 1～2 次,每次 30 分钟。随着日龄增加,运动时间也应适当增加。为了使犊牛养成良好的采食习惯,做到人牛亲和,饲养员应有意识接近它、抚摸它、刷拭它。在接近时应注意从正面接近,不要粗鲁地对待犊牛。

五、育成牛持续育肥技术

育成牛持续育肥技术,就是从犊牛 7 月龄至 8 月龄开始转入强度肥育阶段。采用舍饲与全价日粮饲喂的方法,使育成牛一直保持较高的日增重,直到达到屠宰体重时出栏。一般育肥到 15～18 月龄,体重达 400～500 千克出栏,育肥期日增重 1 千克以上。

(一)品种的选择

选择西门塔尔、夏洛莱等品种改良公犊牛或荷斯坦公犊牛。可自繁自育或外购。

(二)育肥前的准备

在犊牛转入育肥舍前,对育肥舍地面、墙壁用 2％氢氧化钠溶液喷洒,水槽、饲槽用 1％新洁尔灭溶液或 0.1％高锰酸钾溶液消毒。

(三)饲养技术

一般 7～8 月龄开始肥育,肥育期 10 个月左右,分为 3 个阶段。

1. 前期　1 个月左右,自由采食,自由饮水;日粮中精、粗料比例 35％:65％左右,粗蛋白质水平 13％。本期主要目的是让犊牛适应育肥的环境条件,并对外购犊牛进行驱虫、去角、防疫注射等工作。

2. 中期　6～7 个月。自由采食,自由饮水;日粮中精、粗料比例 45%：55% 左右,日粮中粗蛋白质水平 11%～12%。

3. 后期 2 个月左右。自由采食,自由饮水;日粮中精、粗料比例 55%：45% 左右,日粮中粗蛋白质水平 10%。

(四)管理措施

1. 称重 建立育肥档案,记载每批牛饲草料的消耗量,可在育肥开始前和育肥结束后各称重 1 次。称重在早晨空腹时进行,核算增重情况、育肥效果。

2. 采取精粗分饲(先粗后精)的饲喂方式或全混合日粮(TMR)饲喂方式 定时定量进行饲喂,一般每日喂 2～3 次,饮水 2～3 次,饮水应在每次喂料后 1 小时左右进行。随着育肥牛体重的增加,各种饲料的比例也会有调整,饲料更换时应采取逐渐更换的办法,应该有 3～5 天的过渡期。

3. 10～12 月龄时用阿维菌素(虫克星)或左旋咪唑驱虫 1 次 虫克星每头牛口服剂量为每千克体重 0.1 克;左旋咪唑每头牛口服剂量为每千克体重 8 毫克。12 月龄时最好用人工盐健胃 1 次。

4. 牛舍保暖防暑,保持干燥清洁 牛舍地势高燥,坐北朝南。可建成封闭式房舍或敞棚式,冬季搭上塑料薄膜,每头牛占地面积 3～6 米^2。牛舍要勤除粪尿,经常打扫并保持干燥清洁和空气新鲜。注意饲槽、牛体、饲草料的卫生。

5. 按体重分群拴系饲养 每群 10～12 头为宜,将牛拴系在短木桩或牛栏上,缰绳系短,长度以牛能卧下为宜,缰绳长度 40～60 厘米,以减少牛的活动消耗,提高育肥效果。

6. 适时出栏 当育肥牛 15～18 月龄,体重 400～500 千克,且全身肌肉丰满,皮下脂肪附着良好时,即可出栏。

(五)饲料配方

1. 精饲料配方 见表 7-4。

表7-4　育成牛育肥精饲料配方

原　料	体重(千克)	175～200	200～250	250～300	300～350	350～400
精饲料	玉米(%)	51	53	56	59	62
	麸皮(%)	16	17	15	15	15
	棉粕(%)	9	6	6	4	4
	胡麻饼(%)	14	14	13	12	9
	浓缩料(%)	10	10	10	10	10
	合计(%)	100	100	100	100	100
	日饲喂量(千克)	2.4	3	3.5	4	4.5

2. 粗饲料配方　见表7-5。

表7-5　育成牛育肥粗饲料组成

原　料	体重(千克)	175～200	200～250	250～300	300～350	350～400
精饲料(千克)	干苜蓿	1	1	1	1	1
	麦　草	1	1	1	1.5	1.5
	全株玉米青贮	5	6	7	8	9
	玉米芯(干)	1	1.2	1.5	2	2.5
	合　计	8	9.2	10.5	12.5	14

六、架子牛短期快速育肥技术

短期快速育肥,就是选择体格已基本发育成熟,肌肉脂肪组织尚未充分发育,还有较大发展潜力的良种架子牛,利用架子牛"补偿生长"的生理特性,采用科学的饲养管理技术,进行6个月以内的短期育肥。目的是获得最好的饲料报酬和最大的牛肉产量。

(一)架子牛的选购

在选择架子牛时,通常综合考虑品种、年龄、体重、性别、体质外貌、健康状况及市场价格等因素。选购人员应有一定的选牛知识和经验,熟悉市场行情,认识牛的品种和年龄,能根据体型和膘情,估出活重及产肉量,给以适宜的购牛价。

1. 品种 首选西门塔尔、夏洛莱等纯种肉牛与本地肉牛的杂交后代,其次选购荷斯坦公牛或荷斯坦牛与本地牛的杂交后代。

2. 年龄和体重 1.5～2岁、体重在300千克左右的架子牛最适宜育肥,3～4岁的架子牛较适合育肥,5岁以上的成年牛或残老淘汰牛育肥不经济。

3. 性别 没有去势的公牛最好,其次为去势的公牛(阉牛),再次是母牛。

4. 体型外貌 选择架子牛时,以骨架选择为重点,应选中下等膘情的牛。具体要求是体格大、腰身长,尻宽长而平、背腰宽广,后裆宽,健康无病、消化功能正常,各部位发育匀称。

(二)育肥时间

1～1.5岁、体重350千克左右的青年架子公牛,一般强度育肥4个月左右,体重达500千克以上出栏。成年牛或残老淘汰牛一般快速催肥3个月左右,体重600千克以上出栏。

(三)饲养技术

1. 分阶段饲养 架子牛一般育肥90～120天,可分三个阶段。

（1）育肥前期（开始30天内）

①恢复适应　从外地选购的架子牛，育肥前要有7～10天的恢复适应期。进场后先喂2～3千克干草，再及时饮用新鲜的井水或温水，按每头牛在水中加100克人工盐或掺些麸皮效果较好。日饮2～3次，切忌暴饮。并观察是否有厌食、腹泻等症状。第二天起，粗料可铡成1厘米左右，逐渐添加青贮和混合精料，喂量逐渐增加，经5～6天后，逐渐过渡到育肥日粮。精、粗料的比例为30%：70%，日粮粗蛋白质水平在12%左右。

②驱虫　口服丙硫咪唑驱杀牛体内寄生虫，剂量为每千克体重10毫克，结合注射伊维菌素，预防疥癣、虱等体外寄生虫病的发生。或按每100千克体重皮下注射阿维菌素注射液2毫升，可驱除牛体内外绝大多数寄生虫。一旦发现牛只患疥癣等皮肤病，应及时隔离，注射伊维菌素，并在患处涂抹硫酸铜溶液。用杀螨剂消毒牛舍及被污染的用具。

③健胃　驱虫后3天，灌服健胃散500克/次·头，每天1次，连服2～3天。或用大黄苏打片健胃，剂量为每15千克体重1片。

④防疫　架子牛入舍1周后，在当地防疫部门的指导下进行口蹄疫等免疫接种。

（2）育肥中期（中间60～70天）　日粮干物质采食量要达到8千克，粗蛋白质水平为11%左右，精、粗料比为60%：40%或70%：30%。

（3）育肥后期（最后20～30天）　日粮干物质采食量达到10千克，粗蛋白质水平为10%左右，精、粗料比为90%：10%或80%：20%。一般在最后10天，精饲料日采食量达到4～5千克/头，粗饲料自由采食。

2. 定时定量饲喂　青年牛育肥日粮干物质的采食量为活重的2%～2.5%，成年牛日粮干物质的采食量为体重的2%～3%。分早、晚两次饲喂，先粗后精或精、粗混匀（全混合日粮）饲喂。注意观察牛只采食、反刍、排粪等情况,发现异常及时采取对策。

3. 保证充足饮水 在喂饱后 1.5～2 小时饮水,水质要求新鲜清洁,冬季可饮温水,每日 2～3 次,喝足为原则。小群围栏圈养自由采食时,常设水槽,随渴随喝,经常保持新鲜且不断水源。

(四)管理措施

1. 刷拭牛体 育肥牛只每日定时刷拭 1～2 次。从头到尾,先背腰、后腹部和四肢,反复刷拭。以增加血液循环,提高代谢效率。

2. 限制运动 应将牛拴系在短木桩或牛栏上,缰绳系短,长度以牛能卧下为宜,缰绳长度一般不超过 80 厘米,以减少牛的活动消耗,提高育肥效果。

3. 牛舍保暖防暑,保持干燥清洁 牛舍地势高燥,坐北朝南。可建成封闭式房舍或敞棚式,冬季搭上塑料薄膜,每头牛占地面积 3～6 米^2。牛舍要勤除粪尿,经常打扫并保持干燥清洁和空气新鲜。注意牛体、饲槽、饲草料的卫生。

4. 称重 建立育肥档案,记录每批牛饲草料的消耗量,可在育肥开始前和育肥结束后各称重 1 次,称重在早晨空腹时进行。核算牛只增重情况、育肥效果。

5. 饲料更换 在育肥牛的饲养过程中,随着牛体重的增加,各种饲料的比例也会有调整,在饲料更换时应采取逐渐更换的办法,应该有 3～5 天的过渡期。在饲料更换期间,饲养管理人员要勤观察,发现异常应及时采取措施。

(五)出栏时间判断及出栏方法

1. 出栏时间判断

(1)从肉牛采食量来判断 在育肥后期牛食欲下降,日采食饲料量下降 1/3 以上或日采食量(以干物质为基础)为活重的 1.5%

或更少,且不喜欢运动,常安静卧地休息。这时可以认为已达到肥育的最佳结束期。

(2)用肥育度指数来判断 利用活牛体重和体高的比例来判断,指数越大,肥育度越好。计算方法:肥育度=体重(千克)÷体高(厘米)×100%。指数在400%~450%时,可认为达到合适肥度,即可出栏。

(3)从肉牛体型外貌来判断 通过观察和触摸肉牛的膘情进行判断。若被毛细致而有光泽,全身肌肉丰满,肋骨脊柱均不显露,耳根、鬐甲、胸垂部、腰部、下肷部内侧、阴囊处充满脂肪垫,坐骨端、腹肋部、腰角部沉积的脂肪厚实、均衡,则达到最佳肥度,应及时出栏。

2. 出栏方法 架子牛达到了出栏时间,需做好以下工作。

(1)观察分析市场行情,价格稳定或上涨时及时出栏。

(2)出栏前1天,对牛刷拭,除去皮肤上的污物和粪便,饮水充足,饲喂少量饲草料或停喂。

(3)出栏方法有两种:一种是活牛交易,通过外观评估、实际称活重,评估产肉量,价格合适有良好的经济效益即可出售;另一种是屠宰,出售牛肉及皮张、牛内脏。

(六)架子牛短期快速育肥日粮配方

1. 体重 350~400 千克架子牛短期育肥(育肥期 120 天)

(1)日粮组成及饲喂量 按每天每头育肥牛精饲料 5 千克、玉米黄贮 4 千克、玉米芯粉 3 千克均匀混合,或精饲料 5 千克、玉米黄贮 7 千克均匀混合,分早、晚两次饲喂。

(2)精饲料配方 夏、秋季,玉米 50%、浓缩料 20%、油饼 20%、黑面(次粉)10%;冬季:玉米 55%、浓缩料 20%、油饼 25%。

2. 体重 350 千克左右架子牛短期育肥(育肥期 90 天) 见表 7-6。

表 7-6　体重 350 千克左右架子牛短期育肥典型日粮配方

育肥阶段	精料配方及饲喂量				粗饲料配方及饲喂量			
	浓缩料（%）	玉米（%）	麸皮（%）	饲喂量（千克）	玉米秸秆（%）	苜蓿青贮（%）	玉米青贮（%）	饲喂量（千克）
前　期	30	58	12	3.8	50	25	25	4.7
中　期	28	62	10	4.2	50	25	25	5.0
后　期	25	70	5	4.5	50	25	25	5.0

七、全株玉米青贮加工利用技术

全株玉米青贮饲料是将适时收获的专用（兼用）青贮玉米整株切短装入青贮池中，在密封条件下厌氧发酵，制成的一种营养丰富、柔软多汁、气味酸香、适口性好、可长期保存的优质青绿饲料。全株青贮玉米在密封厌氧环境下，可有效保持玉米籽实和茎叶营养物质，减少营养成分（维生素）的损失；由于微生物发酵作用，产生大量乳酸和芳香物质，适口性好，采食量和消化利用率高；保存期达 2～3 年或更长，可解决冬季青饲料不足问题，实现青绿多汁饲料全年均衡供应。目前，全株青贮玉米已经成为畜牧业发达地区牛肉生产最重要的饲料来源。

全株青贮玉米采用密植方式，每 667 米^2（亩）6 000～8 000 株，生物产量可达 5～8 吨，刈割期比籽实玉米提前 15～20 天，茎叶仍保持青绿多汁，适口性好、消化率高，收益比种植籽实玉米高 400 元以上。制作时秸秆和籽粒同时青贮，营养价值提高。孙金艳等（2008）开展的"玉米全株青贮对肉牛增重效果研究"结果表明：育肥肉牛饲喂"混合精料＋青贮玉米＋干秸秆"日粮与饲喂"混合精料＋玉米秸秆"日粮相比，平均日增重提高 0.383 千克，经济效益提高 56.65%。

（一）全株玉米青贮制作

1. 适时收割　全株玉米在玉米籽实乳熟后期至蜡熟期（整株下部有4～5个叶片变成棕色）时刈割最佳。此时收获，干物质含量30%～35%，可消化养分总量较高，效果最好。青贮玉米收获过早，原料含水量过高，籽粒淀粉含量少，糖分浓度低，青贮时易酸败，发臭发黏；收获过晚，虽然淀粉含量增加，但纤维化程度高，消化率低，且装窖时不易压实，影响青贮质量（图7-3）。

2. 切碎　青贮玉米要及时收运、铡短、装窖，不宜晾晒、堆放过久，以免原料水分蒸发和营养损失。一般采用机械切碎至1～2厘米，不宜过长（图7-4）。

图7-3　机械收割全株玉米　　　图7-4　机械铡短全株玉米

3. 装填、压实　每装填30～50厘米厚压实一次，排出空气，为青贮原料创造厌氧发酵条件。一般用四轮、链轨拖拉机或装载机来回碾压，边缘部分若机械碾压不到，应人工用脚踩实。青贮原料装填越紧实，空气排出越彻底，质量越好。如果不能一次装满，应立即在原料上盖上塑料薄膜，第二天再继续工作（图7-5）。

4. 密封　青贮原料装填完后，要立即密封。一般应将原料装至高出窖面50厘米左右，窖顶呈馒头形或屋脊形，用塑料薄膜盖严后，用土覆盖30～50厘米（也可采用轮胎压实）。覆土时要从一端开始,逐渐压到另一端,以排出窖内空气。青贮窖封闭后要确保不漏气,不漏水。如果不及时封窖,会降低青贮饲料品质(图7-6)。

图 7-5 机械压实　　　　　图 7-6 轮胎压盖

5. 管护　青贮窖封严后,在四周约 1 米处挖排水沟,以防雨水渗入。多雨地区,可在青贮窖上面搭棚。要经常检查,发现窖顶有破损时,应及时密封压实。

(二)青贮窖(池)准备

青贮窖应建在地势较高、地下水位低、排水条件好、靠近牛舍的地方,主要采用地下式、半地下式和地上式三种方式。青贮窖地面和围墙用混凝土浇筑,墙厚 40 厘米以上,地面厚 10 厘米以上。容积大小应根据饲养数量确定,成年牛每头需 $6\sim8$ 米^3。形状以长方形为宜,高 $2\sim3$ 米,窖(池)宽小型 3 米左右、中型 $3\sim8$ 米、大型 $8\sim15$ 米,长度一般不小于宽度的 2 倍。

(三)开窖取料

青贮玉米一般贮存 $40\sim50$ 天后可开窖取用。取料时用多少取多少,应从一端开启,由上到下垂直切取,不可全面打开或掏洞取料,尽量减小取料横截面,取料后立即盖好。如果中途停喂,间隔较长,必须按原来封窖方法将青贮窖封严。

(四)品质鉴定

实际生产中,主要通过颜色、气味、结构及含水量等指标,对全株青贮玉米进行感官品质鉴定。

1. 颜色、气味、结构评定　见表7-7。

表7-7　全株青贮玉米感官评定标准

品质等级	颜色	气味	结构
优良	青绿色或黄绿色,有光泽,近于原色	芳香酒酸味,给人舒适感	湿润、紧密,茎叶保持原状,容易分离
中等	黄褐色或暗褐色	有刺鼻酸味,香味淡	茎、叶部分保持原状,柔软,水分稍多
低劣	黑色、褐色或暗墨绿色	有特殊刺鼻腐臭味或霉味	腐烂、黏滑或干燥或黏结成块

2. 含水量判断　全株青贮玉米适宜的含水量为65%～70%。检测时用手紧握青贮料不出水,放开手后能够松散开来,结构松软,不形成块;握过青贮料后,手上潮湿但不会有水珠。

(五)饲　喂

全株玉米青贮是优质多汁饲料,饲喂时应与其他饲草料搭配。经过短期适应后,肉牛一般均喜欢采食。开始饲喂时,由少到多,逐步增加。也可在空腹时先喂青贮饲料,再喂其他饲料,使其逐渐适应。成年牛每天饲喂5～10千克,同时饲喂干草2～3千克。犊牛6月龄以后开始饲喂。

(六)注意事项

第一,制作速度要快。集中在7天内制作完成,尽快填满、压实、封窖,缩短有氧发酵时间。

第二,严防渗漏。封窖1周后要经常检查,发现裂缝及时封好,严防雨水渗入和鼠害。

第三,逐层取用。取用全株青贮玉米时,要尽量减少青贮料与空气的接触,逐层取用,取后立即封严。

第四,不宜单喂。在饲喂全株玉米青贮时最好搭配部分干草,以减轻酸性对胃肠道的刺激。妊娠后期的母牛应少喂或不喂。

八、玉米秸秆黄贮技术

玉米秸秆黄贮是玉米籽实收获后,将玉米秸秆切碎装入青贮窖中,经过密闭厌氧微生物发酵,调制成具有酸香味、适口性好、可长时间贮存的粗饲料。与干玉米秸秆相比,具有气味芳香、适口性好、消化利用率高等优点。

推广应用玉米秸秆黄贮技术,可减小秸秆贮存空间,有效提高秸秆利用率,避免火险隐患和焚烧造成的环境污染。同时,可以降低饲养成本,解决部分地区饲草料不足问题,增加养殖效益。与直接饲喂干秸秆相比,同等饲养管理条件下,育肥肉牛日增重可增加300克,效益显著。

(一)玉米秸秆黄贮步骤

1. 收割 一般是在玉米蜡熟后期,果穗苞皮变白,植株下部5～6片叶枯黄即可收获。为保持原料水分不损失,应随割随运随贮。

2. 切碎 秸秆铡碎长度以1～2厘米为宜,过长不易压实,容易变质腐烂。

3. 装窖 切碎的原料要及时入窖,除底层外,每装填30～50厘米均匀洒水一次,使其水分达到65%～70%。即用手将压实后的草团紧握，指间有水但不滴为宜。为提高秸秆黄贮糖分含量，保证乳酸菌正常繁殖，改善饲草品质，可添加0.5％左右麸皮或玉米面。

4. 压实 装填过程中要层层压实，充分排出空气，可以用拖拉机、装载机等机械反复碾压，尤其要将四周及四角压实。

5. 水分调节 加工调制过程中，要检查秸秆含水量是否适宜，并根据情况进行适当添加，一般要求含水量在65％～70％。

6. 密封 原料装填至高出窖口40～50厘米、窖顶中间高四周低呈馒头状时，即可封窖。在秸秆顶部覆盖一层塑料薄膜，将四周压实封严，用轮胎或土镇压密封。土层厚30～50厘米，表面拍打光滑，四周挖好排水沟，防止雨水渗入。制作后要勤检查，发现下陷、裂缝、破损等，要及时填补，防止漏气。封窖后40～50天，可开窖使用。

（二）黄贮饲料添加剂的制备与使用

在实际生产中，为了提高黄贮饲料的质量和消化利用率、延长贮存期，往往通过添加微生物菌剂、酶制剂和有机酸等添加剂，以加快乳酸菌繁殖，促进厌氧发酵，将玉米秸秆调制成柔软、酸香、适口性好的粗饲料。常用的添加剂主要有两类：一是饲料酶和微生物活菌制剂。通过增加乳酸菌初始状态数量，快速产生乳酸，缩短青贮所需pH值时间。二是有机酸（甲酸、乙酸等）。在短时间内，降低青贮原料pH值，使乳酸菌大量繁殖，抑制其他有害菌生长。据测算，经过添加剂加工处理后，5千克玉米秸秆相当于1千克玉米的营养价值。与饲喂未处理的玉米秸秆相比，肉牛日增重提高30％以上。

添加剂的制备方法如下：

1. 菌种复活及菌液配制 按照处理秸秆量复活菌种（依据产品说明使用），当天用完。以处理1吨秸秆需要的菌液为例：将菌种（一般处理1吨秸秆需菌种3～5克）加入1000毫升糖水中

（浓度为 1%），常温下（25℃左右）放置 1～2 小时（夏季不超过 4 小时，冬季不超过 12 小时），使菌种复活。将复活好的菌剂倒入 10～80 升清洁水中，搅拌均匀，制成喷洒用的菌液备用。

2. 酶制剂稀释与准备　按照当天处理的玉米秸秆量，依据产品使用说明，确定使用酶及稀释物的数量，当天用完。通常处理 1 吨秸秆需青（黄）贮饲料专用酶 1 千克（高浓度酶制剂用量为 100 克）、人工盐 4～5 千克、麸皮或玉米面 10 千克，将饲料酶、人工盐、麸皮或玉米面充分混合后备用。

3. 有机酸的准备　一般情况下，处理 1 吨玉米秸秆需添加有机酸 2～4 千克。具体用量参照产品使用说明。

在制作黄贮饲料的过程中，每压实一层秸秆，在表面均匀喷洒一层制备好的添加剂。乳酸菌、有机酸用农用喷雾器进行喷洒，酶制剂手工均匀撒开。封窖前，在玉米秸秆表面足量、均匀喷洒添加剂。

（三）质量鉴定

玉米秸秆黄贮饲料的质量优劣主要以感官鉴定为主，优质黄贮饲料呈黄褐色，酒香味，气味柔和，手感松软、略湿润。

（四）黄贮玉米秸秆取用

玉米秸秆经 40 天发酵后即可取用，取完后要用塑料薄膜将开口封严，尽量减少与空气接触，防止二次发酵、霉变。每次按照 1～2 天饲喂量取用。

九、苹果渣与玉米秸秆混合贮存技术

我国苹果年产量约 3 100 万吨，其中 20%～30% 用于果汁加工，年产苹果渣 200 万吨。苹果渣富含维生素、果酸和果糖等多种营养物质,可以直接消化利用,饲喂肉牛效果较好。但是,由于果渣含水量大(80%以上),直接饲喂会产生腹泻现象,若不及时利用还会出现变质,影响饲喂效果。目前,苹果渣除少量直接用作饲料外,绝大部分被废弃,污染了环境。苹果渣与玉米秸秆混合贮存技术是将苹果渣(含有果皮、果核、果籽以及少量果肉),与切碎的玉米秸秆在密封厌氧条件下进行发酵贮存,调制成营养价值高、适口性好的粗饲料。

推广使用苹果渣玉米秸秆混贮技术的优点:一是提高苹果渣利用率,减少污染环境;二是解决苹果渣直接饲喂难度大的问题,提高秸秆青贮饲料的品质,改善适口性;三是苹果渣、玉米秸秆来源广、价格低廉,通过加工和有效利用,可降低饲养成本,增加养殖效益。

(一)苹果渣、玉米秸秆混贮饲料营养成分

苹果渣、玉米秸秆混贮饲料的营养成分见表7-8。

表 7-8 苹果渣、玉米秸秆混贮饲料的营养成分

原 料	干物质(%)	干物质中含量						
		粗灰分(%)	粗蛋白质(%)	粗脂肪(%)	粗纤维(%)	钙(%)	磷(%)	总 能(兆焦/千克)
苹果渣	20.96	2.19	8.73	4.63	24.14	0.21	0.31	17.30
苹果渣、玉米秸秆混贮	26.62	15.4	7.25	1.39	32.23	0.60	0.19	15.63

注:肉牛体系饲料营养功能研究室岗位专家罗晓瑜团队实测值,总能为计算值。

(二)原料选择

选择切短至1~2厘米长的风干玉米秸秆或收获玉米籽实后的及果品加工厂1~2天内生产的新鲜苹果渣。苹果渣无霉变、无

污染、无杂质。

(三)混合贮存比例

风干玉米秸秆与苹果渣混合比例为60％∶40％,青绿玉米秸秆与苹果渣混合比例为70％∶30％。

(四)填装压实

1. 分层填装方法 苹果渣含水量高,装填时应先在最底层装入约50厘米厚玉米秸秆,摊平、压实(特别要注意靠近窖壁和拐角的地方)。秸秆上铺约30厘米厚的苹果渣,堆实、摊平。如此往复,直到压实最上层玉米秸秆时,用塑料薄膜覆盖,覆土密封(图7-6)。

2. 顶层覆盖方法 如果没有足够的苹果渣,可将切碎的秸秆逐层装入青贮窖中,按玉米秸秆青贮饲料制作操作,直到压实至最上层玉米秸秆时,用60～80厘米厚的苹果渣直接封顶。在干燥少雨的地区,最上层不要再覆盖其他物料(图7-7)。在多雨地区,最上层需要再覆盖塑料薄膜,压上轮胎等重物防雨。

图7-6 分层混贮

图7-7 顶层覆盖

(五)水分和温度

制作时要注意原料混合比例,调节水分含量。在装填水分含量较低的秸秆时,需适当加水,混贮原料总含水量控制在 65%~70%。苹果渣混贮的最佳贮存温度为 20℃~30℃,最高不超过38℃。

(六)管理与维护

青贮池(窖)四周应有排水沟或排水坡度,窖口防止雨水流入及空气进入,如有条件可加装防护栏。

(七)取　用

苹果渣与玉米秸秆混贮存 35~45 天后即可开窖使用。开窖时,应从窖的一侧沿横截面开启。从上到下,随用随取,切忌一次开启的剖面过大,导致二次发酵。制作良好的苹果渣、玉米秸秆混贮饲料有醇香味或果香味,玉米秸秆颜色青绿,苹果渣呈亮黄色。

十、玉米芯加工利用技术

玉米芯是玉米果穗脱粒后的穗轴,重量一般占玉米穗的 20%~30%。玉米芯含有丰富的碳水化合物、氨基酸、矿物质等家畜生长所必需的营养成分,开发应用前景广阔。我国玉米芯资源丰富,年产量 3 000 万吨以上。长期以来,玉米芯的饲用价值没有得到开发,绝大部分用作农家燃料,造成很大浪费。近年来,随着畜牧养殖业的发展,玉米芯的饲用价值逐渐受到人们的重视,广泛用于肉牛养殖业。

(一)玉米芯营养成分

玉米芯主要营养成分是纤维素、淀粉,其中纤维素含量 26%~39%,淀粉含量 4%~35%。玉米芯含有 17 种氨基酸和铁(Fe)、铜(Cu)、镁(Mg)、锌(Zn)、锰(Mn)等矿物质元素(表 7-9)。

表7-9　玉米芯营养成分表

粗蛋白质（%）	粗脂肪（%）	粗灰分（%）	粗纤维（%）	钙（%）	磷（%）	酸性洗涤纤维（%）	中性洗涤纤维（%）	酸性洗涤木质素（%）
1.90～3.70	0.27～0.70	1.60～8.70	30.00～39.70	0.08～0.22	0.011～0.076	35.56～46.65	72.37～84.31	3.51～6.26

(二)加工及饲喂方法

1. 物理处理法　先用粉碎机粉碎成直径0.3厘米左右的颗粒,饲喂前用水浸泡12小时左右(含水量55%～65%),使之软化。饲喂时,按比例与其他饲料合理搭配、混合均匀,添加量为粗饲料总量的16%～25%。此方法节省饲料,且对填充家畜胃容积、促进排便等均有良好的效果。

2. 发酵处理法　将粉碎的玉米芯浸泡处理,使其含水量达到65%～70%(即用手紧握指缝有液体渗出但不滴下为宜),然后装入发酵池逐层压实。制作过程中,每吨玉米芯添加1.5千克纤维素酶(用玉米面20千克或麸皮30千克预混合)和2～5千克食盐。装满发酵池后,覆盖塑料薄膜,用轮胎或土镇压密封。一般夏天发酵2～3天、冬天发酵7天后,即可开窖饲喂。与其他饲草料混合饲喂时,应遵循由少到多,逐渐增量的原则。如果酸度过大,应控制饲喂量。育肥牛每头每天8～12千克,犊牛每头每天3～5千克。

十一、玉米秸秆压块饲料制作技术

玉米秸秆压块主要是通过对秸秆进行机械加工,使秸秆粉碎、搅拌、高温挤压成型。其优点是:①使秸秆熟化,更加柔软,质地均匀,适合肉牛食用,提高秸秆饲料的适口性及消化吸收率;②增加稳定性,减少饲料营养成分的破坏;③可减少秸秆体积,便于贮存和运输,有利于商品化流通。

(一)玉米秸秆压块饲料的主要特点

玉米秸秆压块饲料除具有运输贮存方便的优点外,还具有以下特点:

1. 比重大 一般散状牧草、秸秆的重量为 20～50 千克/米^3,而利用饲料压块机将玉米秸秆压制成高密度饼块,压缩比可达1:15～5,秸秆压块饲料的密度为 600～800 千克/米^3,便于贮存和运输,而且不易燃烧,保存期长达 2～3 年。

2. 适口性好 具有浓厚的糊香味,熟化程度高,可起到较好的诱食作用,不仅适口性好,而且还可以减少代谢病,有益肉牛的健康。

3. 消化吸收率高 一般玉米秸秆压块饲料粗蛋白质可达到6％以上,相当于中等牧草营养水平。由于玉米秸秆压块饲料在加工时产生高压、高温,可使饲料中蛋白质发生变化,钝化了许多抗营养因子,改变了蛋白质的结构,可以缩短蛋白质在肠胃中的水解时间。又因糊化淀粉将其营养物质包埋在淀粉基质中,饲喂时养分不易流失,只有肉牛体内消化酶分解淀粉时,才能将蛋白质释放出来,提高了蛋白质的利用率。同时,糊化淀粉促进了蛋白质在肠道中的酶解,更易于消化,一般消化吸收率可达 60％以上。

4. 玉米秸秆压块饲料饲喂时损失少 在饲喂肉牛过程中,一般玉米秸秆饲喂损失率在 30％～40％,牧草饲喂损失在 15％左右,玉米秸秆压块饲料在饲喂过程中损失率不到 1％。提高了饲料的利用率,降低了喂养成本。

5. 玉米秸秆压块饲料使用方便 在饲喂时既可直接将玉米秸秆压块饲料拍打松散后饲喂,又可将饲料用水喷洒,待饲料松开后饲喂。因此,玉米秸秆压块饲料在饲喂时非常简单,省工、省力、省时,而且便于机械化饲喂。

(二)玉米秸秆压块饲料加工的工艺条件

为了使玉米秸秆变成肉牛适口性好、质地柔软和便于商品化流通的粗饲料,秸秆压块加工应满足以下条件:

第一,秸秆原料加工时其含水量应在 20% 以内,最佳值为 16%~18%。

第二,秸秆应在 20~30 吨/厘米^2 的瞬时高压下加工。

第三,加工中物料瞬间温度应达到 90℃~130℃,并在高温高压条件下滞留 12~15 秒钟。

(三)玉米秸秆压块饲料制作工艺流程

将自然风干的玉米秸秆用铡草机铡切成 1~2 厘米长的段,用上料机(皮带输送机)或人工将铡切后的秸秆均匀送到成型机上方料口内,进行压制成型即为成品。加工流程为:原料回收→铡切→上料、自动丢金属→压制→成型→输出→冷却→运输→饲喂。

十二、苜蓿青贮加工利用技术

苜蓿青贮是通过半干萎蔫处理,使苜蓿含水量降至 50% 左右,从而提高苜蓿原料的干物质含量,造成微生物的生理干燥及厌氧状态而抑制酪酸发酵,同时促进乳酸发酵而形成优质青贮苜蓿饲料。优质的苜蓿青贮料,为暗绿色,具有水果香味,味淡不酸。苜蓿青贮加工调制操作方法简便、成本低、易贮存、占地空间小,是解决夏、秋季雨水集中、苜蓿收贮困难问题的有效措施。与调制干草相比,苜蓿青贮几乎完全保存了青饲料的叶片和花序,减少了苜蓿晾晒、打捆过程中由于叶片损失造成的营养成分流失,提高了利用率,适口性好,消化率高。在最佳收获期适时、集中收获,可以最大限度地减少苜蓿养分损失,提高苜蓿草产量和品质。

苜蓿窖(池)青贮、拉伸膜裹包青贮技术均是利用半干青贮的发酵原理。调制的基本程序为:原料适时收获、晾晒、切碎、贮存。

(一)苜蓿青贮制作

1.窖(池)青贮制作

(1)原料收获、晾晒　在苜蓿现蕾至初花期(开花率20%以下)刈割,刈割应选择天气晴好时进行,通常为早晨刈割、下午制作,或下午刈割、第二天早晨制作。刈割后一般晾晒12～24小时,含水量达到45%～55%时即可制作。含水量可从感官上判断:叶片发蔫、微卷。

(2)铡短　将原料用铡草机切短,长度一般为2～5厘米。

(3)贮存　将铡短的原料装入青贮窖,每装填30～50厘米厚,即摊平、压实,均匀铺撒添加剂(饲料酶、有机酸、乳酸菌等)(表7-10),直至原料高出窖沿30～40厘米后,上铺一层塑料薄膜,再覆土20～30厘米密封。封顶2～3天后要随时观察,发现原料下沉,应在下陷处填土,防止雨水和空气进入。

表7-10　苜蓿青贮调制添加剂使用方法

名　称	用　量	使用方法
乳酸菌	每1000千克苜蓿需2.5克乳酸菌活菌	将2.5克乳酸菌溶于10%的200毫升白糖溶液中,配制成复活菌液,再用80～100升的水稀释后,均匀喷洒在原料上
有机酸	每1000千克苜蓿添加2～4千克有机酸	直接喷洒在原料上
饲料酶	每1000千克苜蓿添加0.1千克青贮专用饲料酶	用麸皮、玉米面等稀释后,再与原料均匀混合

2. 包膜青贮制作

(1)原料收获、铡切　苜蓿包膜青贮的原料收获、铡切要求与窖(池)青贮相同。

(2)打捆　将切短的原料快速、均匀地填装入打捆机的工作仓内进行压缩,如果需要使用添加剂,应在打捆前将添加剂(乳酸菌、有机酸或饲料酶等)与切碎的苜蓿混合均匀后进行打捆。信号轮匀速转动,即可扳动绕线离合手柄,开始用细麻绳打捆,当信号轮已随机匀速转动时,应停止进料,扳动送线控制手柄并同时少量送料,绕线机构能自动完成捆扎过程。当捆扎完毕、线绳被切断后,方可启动开仓手柄,开仓出捆,这时打捆工序完成。每捆重量 50～60 千克(图 7-8)。

(3)包膜　将草捆平稳放置在包膜机的两平行皮带之上,手动包膜半周,扳动离合手柄使旋转架带动草捆一同转动,草捆拉伸塑膜自行缠绕,并自动完成包膜工作。当包膜工作完成设定包膜圈数(以 22～25 圈为宜)和包膜层数后(2～4 层),即自行停止。操作工两人相对将裹包抬下,轻轻放置于指定地点(图 7-9)。

图 7-8　苜蓿打捆　　　　　　图 7-9　苜蓿裹包

(4)贮存　包膜完成后,将制作完成的包膜草捆堆放在鼠害少、避光、牲畜触及不到的棚内或室外地势较高的地方,堆放不应超过3层。

(二)苜蓿青贮质量感官鉴定

苜蓿青贮质量感官评定标准见表7-11。

表7-11 苜蓿青贮感官评定标准

品质等级	颜 色	气 味	质 地
优 等	绿色、青绿色或黄绿色,有光泽	清香味,给人舒适感	手感松软,稍湿润,茎、叶、花保持原状
中 等	黄褐色或墨绿色,光泽差	香味淡或没有,微酸味	柔软稍干或水分稍多,茎、叶、花部分保持原状
劣 等	黑色、黑褐色,无光泽	有特殊腐臭味或霉味	干燥松散或结成块状,发黏,腐烂,无结构

(三)苜蓿青贮饲喂

苜蓿青贮密封发酵45天后即可使用。取用时,从窖(袋)的一端沿横截面开启。从上到下切取,按照每天需要量随用随取,取后立即遮严取料面,防止暴晒。青贮苜蓿应与其他饲草搭配混合饲喂,也可与配合饲料混合饲喂。一般犊牛日饲喂量2~2.5千克,育肥牛或母牛日饲喂量4~5千克。

十三、全混合日粮(TMR)调制饲喂技术

TMR是英文 Total Mixed Rations 的缩写,中文翻译为全混合日粮,是根据反刍家畜不同生长发育阶段的营养需求和饲养目的,按照营养调控技术和多种饲料搭配原则设计出的全价营养日粮配方。TMR 饲喂技术是按此配方把每天饲喂的各种饲料(粗

饲料、精饲料、矿物质、维生素和其他添加剂)通过特定的设备和饲料加工工艺均匀地混合在一起供反刍家禽采食的饲料加工技术。制成营养全价的日粮,可增加肉牛采食量,有效降低消化系统疾病,提高饲料转化率和肉牛日增重。试验结果表明,饲喂全混合日粮的育肥期牛,平均日增重提高11.4%。

(一)全混合日粮搅拌车选择

1. TMR搅拌车应用模式选择

(1)固定式模式 由人工或装载机按添加顺序分别装载各饲料组分,搅拌混合后借助运输设备运送到牛舍进行饲喂。使用此类机械,须建设带有顶棚、地面硬化的饲料加工间,并配备电动机和传送设备。

(2)移动式模式 使用牵引式或自走式TMR机,按添加顺序分别装载各饲料组分,经搅拌、混合后直接投放到牛槽。使用此类机械,牛场道路、牛舍等设施须适合大型机械行走。

2. TMR搅拌车机型选择 根据搅拌箱的形式有立式和卧式两类,详细内容见82~83页。

(二)原料准备及配方设计

1. 原料种类

粗饲料主要有:青贮饲料、青干草、青绿饲料、农作物秸秆、糟渣类饲料。干草类粗饲料应铡短至1~1.5厘米;糟渣类水分应控制在65%~80%。

精饲料主要有:能量饲料,如玉米、麦类等谷物;蛋白质类饲料,如饼、粕类。应粉碎成适合粒度。

添加剂主要有:矿物质添加剂、复合维生素等。

2. 原料准备

第一,饲料原料贮存过程中,应防止雨淋、霉变、污染和鼠(虫)

害。饲料原料按照先进先出的原则进行配料。

第二,制作玉米秸秆黄贮或全株玉米青贮时,要铡短、切碎,长度 1~2 厘米;麦秸、稻草等干草类粗饲料应铡短,长度 1~2 厘米;糟渣类饲料水分应控制在 65%~80%;精料补充料可以直接购入或自行加工。

第三,清除原料中的金属、塑料袋(绳)等异物。

3. 配方设计

(1)确定营养需要　根据肉牛分群(按生理阶段和生产水平分)、体重和膘情等情况,以肉牛饲养标准为基础,适当调整肉牛营养需要。根据营养需要确定 TMR 的营养水平,预测其干物质采食量,合理配制肉牛日粮。

(2)饲料原料选择及其成分测定　根据当地饲草饲料的资源情况,选择质优价廉的原料。原料粗蛋白质、粗脂肪、粗纤维、水分、钙、总磷和粗灰分的测定应分别按照相关标准进行。

(3)配方设计　根据确定的肉牛 TMR 营养水平和选择的饲料原料,分析比较饲料原料的成分和饲用价值,设计最经济的饲料配方。应根据各牛群特点,每个牛群单独配制全混合日粮,或制作基础 TMR+精料(草料)的方式来满足不同牛群的营养需要。

(4)日粮优化　在满足营养需要的前提下,追求日粮成本最小化。

4. 典型 TMR 配方举例

配方一　宁夏某养牛场育肥 26~28 月龄的西门塔尔、秦川牛杂交肉牛,应用的全混合日粮配方为:玉米 54%,麸皮 15%,豆粕 6%,棉籽粕 12%,菜籽粕 7%,预混料 6%。

配方二　吉林某养牛场育肥 10 月龄西门塔尔、利木赞和草原红牛三元杂交肉牛,应用的全混合日粮配方为:玉米 17%,麸皮 4%,苜蓿 8%,羊草 12%,全株玉米青贮 56.8%,石粉 0.5%,食盐

0.3%,微量元素 0.4%,非蛋白氮 1%。

(三)加工调制

1. 原料填装顺序 根据 TMR 搅拌机操作说明规定的顺序准确称量、记录各种原料,并填装到搅拌车内。原料填装顺序一般应遵循"先干后湿,先轻后重,先粗后精"的原则。卧式搅拌车和立式搅拌车添加原料的顺序如下。

卧式搅拌车:秸秆类→青贮类→糟粕、青绿、块根类→籽实类、添加剂(或混合精料)。

立式搅拌车:混合精料→干草(秸秆等)→青贮类→添加剂。

2. 原料混合时间 采用边添加原料边搅拌的方式,原则是确保搅拌后日粮中大于 4 厘米长纤维粗饲料占全日粮的 15%~20%。通常在最后一批原料加完后再混合 4~8 分钟完成。不同原料推荐混合时间见表 7-12。

表 7-12 不同原料推荐混合时间

饲料种类	混合时间(分钟)
干 草	4
青 贮	3
糟渣类	2
精料补充料	2

(四)全混合日粮质量控制

1. 填装量控制 通常每批日粮装载量不宜超过搅拌车总容积的 80%,也不应低于搅拌车总容积的 25%。典型的 TMR 密度为 258 千克/米³,据此并结合搅拌车的容积,可以计算出适宜的饲料填装量范围。

2. 车载计量器的校正 每月进行一次校正,确保原料称量的准确性。

3. TMR 水分控制

(1)适宜水分含量 TMR 的水分以控制在 35%～45%为宜。水分太高,牛采食的干物质就少,这样会影响牛的生长;水分太低,精料不能与草充分混合,使草料分离严重,不能达到全混合的目的。检查日粮含水量,可将饲料放在手心里紧握后再松开,日粮松散不分离、不结块,没有水滴渗出,表明水分适宜。

(2)水分调节方法 每周可用微波炉对 TMR 进行 1～2 次水分测定,水分过高、过低时都应采取措施调节。TMR 水分太高时,可增加干草添加量。水分太低时,可在原料添加、搅拌过程中补充适量水。

4. TMR 质量的感官评价 搅拌效果良好的 TMR 感官效果表现为:精、粗饲料混合均匀,松散不分离,色泽均匀,新鲜不发热、无异味,不结块。日粮中大于 4 厘米的长纤维粗饲料应占全日粮的 15%～20%。

5. TMR 样品的实验室分析 每月对 TMR 采样一次,进行粗蛋白质、粗脂肪、粗纤维、水分、钙、总磷测定,评价其与设计配方成分的偏差。主要成分偏差应控制在:干物质±3%,粗蛋白质±1%,粗纤维±2%。

(五)全混合日粮饲喂

1. 分群管理 分群饲养管理是实现全混合日粮饲养的前提条件,合理分群可细化管理,充分满足肉牛不同发育阶段对营养的需求。例如,空怀期和妊娠前中期母牛群可采用较低能量、较低蛋白质水平的日粮;妊娠后期和哺乳期母牛群可采用较高能量、较高蛋白质水平的日粮,从而使日粮的配制更有针对性、更科学、更准确。

（1）育肥牛　短期育肥（育肥期3～5个月）按照牛只体重相近和"全进全出"的原则，根据入栏时间和计划出栏时间进行分群。中期（育肥期8～10个月）和长期（育肥期10个月以上）育肥按照体重、年龄相近的原则进行分群。

（2）基础母牛　规模为150头的母牛群可直接分为繁殖母牛群、育成母牛群和犊牛群；300头以上的牛群根据不同生理阶段和生长发育阶段，同时参考体重进行分群，可分为犊牛群、育成牛群、妊娠前中期牛群、妊娠后期牛群和哺乳期牛群。

2. 饲　喂

（1）投喂方法　牵引式或自走式TMR饲料搅拌机使用专用机械设备自动投喂。固定式TMR饲料搅拌机需要将加工好的日粮人工进行投喂，但应减少转运的次数。

（2）投料速度　使用自走式TMR饲料搅拌机投料，车速要限制在20千米/小时，控制放料速度，保证整个饲槽饲料投放均匀。

（3）投料次数　要确保饲料新鲜，一般每天投料2次，可按照日饲喂量的50%分早、晚进行投放，也可按早60%、晚40%的比例进行投喂。夏季高温、潮湿天气可增加1次，冬季可减少1次。增加饲喂次数不能增加干物质采食量，但可提高饲料利用率，故在两次投料间隔内要翻料2～3次。

3. 注意事项

第一，整个饲槽饲料投放均匀，每头牛应有50～70厘米的采食空间。采食前后饲槽中的TMR应该是基本一致的，饲料不应分层。

第二，应在饲喂前进行制作饲料，保持饲料新鲜。发热发霉的剩料应清出，并及时补饲。每次饲喂前应保证饲槽中有3%～5%的剩料量，防止剩料过多或缺料，以达到肉牛最佳的干物质采食量。

第三,不应随意变换全混合日粮配方,如需变换,应有 7～10 天的过渡期,以免造成牛只应激反应,采食量下降。

第四,保证牛只有充足的饮水。

第五,牛只应去角,以免相互争斗。

参考文献

[1] 曹兵海,等.中国肉牛产业抗灾减灾与稳产增产综合技术措施[M].北京:化学工业出版社,2008.

[2] 曹兵海,等.肉牛标准化养殖技术图册[M].北京:中国农业科学技术出版社,2012.

[3] 曹兵海,等.肉牛养殖技术百问百答[M].北京:中国农业出版社,2012.

[4] 黄应祥,等.肉牛无公害综合饲养技术[M].北京:中国农业出版社,2002.

[5] 莫放,李强,等.繁殖母牛饲养管理技术[M].北京:中国农业大学出版社,2011.

[6] 洪龙,等.优质高档肉牛生产技术[M].银川:阳光出版社,2013.

[7] 刘国民,等.奶牛散栏饲养工艺及设计[M].北京:中国农业出版社,2007.

[8] 中华人民共和国农业行业标准.干草贮藏库建设技术规程(NY/T 635~2002).

[9] 宁夏回族自治区地方标准.青贮苜蓿调制技术标准[DB64/T 753—2012].

[10] 宁夏回族自治区地方标准.标准化肉牛场建设规范[DB64/T 756—2012].

[11] 宁夏回族自治区地方标准.肉牛全混合日粮(TMR)调制饲喂技术规范[DB64/T 757—2012].

[12] 宁夏回族自治区地方标准.牛人工授精技术操作规范

[DB64/T 844—2013].

[13] 邢廷铣.设施养殖业—新世纪养殖业的发展方向[J].中国畜牧兽医,2000(03):2-6.

[14] 崔玉铭,史彬林,等.拴系式肉牛舍空气环境的监测与评价[J].中国畜牧杂志,2010(21):76-78.

[15] 张玉茹,文丽,等.肉牛舍的标准化设计及环境控制[J].云南畜牧兽医,2007(3):23-26.